패션 디자인 입문

패트릭 존 아일랜드 지음

우주형 옮김

예경

- 지은이 **패트릭 존 아일랜드**는 영국의 패션 디자이너이자 일러스트레이터이다. 런던 패션대학을 포함한 많은 대학에 초청되어 강의하고 있으며 패션 디자인에 관한 책을 여러 권 출간하였다.

- 옮긴이 **우주형**은 서울대학교 미술대학 산업미술학과를 졸업하고 이화여자대학교 대학원 미술대학 장식미술학과 및 파리8대학 조형예술학과 대학원 Atelier Chardon Savard 를 졸업했다. 제7회 한국 섬유 산업 디자인 경진대회 장려상(1989)과 제2회 신원 에벤에셀 패션 디자인 경진대회 대상(1991)을 수상했으며 현재 인하대학교 의류디자인학과 교수로 재직중이다.

패션 디자인 입문

지은이 | 패트릭 존 아일랜드
옮긴이 | 우주형
펴낸이 | 한병화
펴낸곳 | 도서출판 예경

초판 인쇄 | 2004년 8월 27일
초판 발행 | 2004년 9월 6일

출판등록 | 1980년 1월 30일 (제300-1980-3호)
주소 | 서울시 종로구 평창동 296-2
전화 | (02) 396-3040~3
팩스 | (02) 396-3044
전자우편 | webmaster@yekyong.com
홈페이지 | http://www.yekyong.com

값 15,000원
ISBN 89-7084-239-x (93590)

Introduction To Fashion Design

by Patrick John Ireland
copyright ©Patrick John Ireland 1992
First published in Great Britain in 1992 Reprinted 1993, 1996, 1997, 2003 by B.T.Batsford Limited,
a member of Chrysalis Book plc, The Chrysalis Building, Bramley Road, London W10 6SP, UK
Korean translation copyright ©2004 by Yekyong Publishing Co.

차례

감사의 글

필자는 이 책을 편집하는 데 도움을 주신 모든 분들에게 감사를 전하고자 한다. 특히 뷰네마우스 예술 디자인 대학 교수와 학생들에게 감사를 전한다. 학장이신 마샬 교수는 패션 학교의 사진을 촬영하도록 허락하셨고, 패션학과의 학과장이신 크라이브 커비는 여러 가지 면에서 충고와 격려를 해주셨다. 사진학과 학과장이신 실비아 바네스는 여러 면에서 도움을 주셨고, 사진사 제임슨 필립 호우는 패션학과의 소장품과 학생들의 작품을 카메라에 담는 작업을 도와주었다. 라이너 우셀만은 4쪽과 5쪽에 게재된 자신의 작품 사진을 여기에 싣는 것을 허락해 주었고, 국립 기술 과정과 고등 국립 과정 학생들이 자신들의 작품을 보여주었다.

그리고 좋은 충고를 보내준 앤 워드와, 37쪽의 사진을 제공해 준 코드웨이너 대학 당국과, 배트스포드 출판사의 편집자들(리차드 레이놀드, 케이즈 벨, 델마 나이)과, 이 책을 디자인해 준 레이시에게 감사를 전한다.

라이너 우셀만(Rainer Usselmann)이 찍은 패트릭 존 아일랜드(Patrick John Ireland)의 사진

머리말

이 책에서는 패션 드로잉과 프레젠테이션 기법을 포함하여 패션이라는 업종에 필요한 작업 과정을 소개하고자 한다.

창의력이 요구되는 분야인 패션에 처음 입문한 학생들은 패션 디자인, 재단, 의류 제조를 익혀야 할 것이다. 동시에 패션 마케팅과 프로모션의 세계를 잘 알아야 한다. 이 책은 캐주얼웨어, 데이웨어, 이브닝웨어와 스포츠웨어 등의 의류를 제조하고 디자인하는 작업에 필요한 시각적 훈련과 자료 조사 방법을 상세히 설명할 것이다.

디자인 개요에 맞게 아이디어를 발전시키려면 학생들은 패션 드로잉과 프레젠테이션에 필요한 기술을 지니고 있어야 한다. 스케치할 때는 아이디어를 표현하는 다양한 방법과 패턴, 일러스트레이션에 적합한 드로잉 방법에 능숙해야 한다. 특히 프레젠테이션 능력은 교육과정 전 단계에서 필요하다. 이 책은 드로잉과 다양한 프레젠테이션 방법을 적절하게 보여줄 것이다.

뷰네마우스 예술 디자인 대학(Bournemouth College of Art and Design) 1학년 패션쇼

패션 디자이너가 되기 위한 훈련

패션 디자이너가 되고 싶다면 먼저 대학이나 기술 학교에서 패션 디자인 과정을 수강해야 한다. 전국에 있는 많은 교육기관들은 자격 요건에 따라 1년에서 4년까지 다양한 과정을 제공하고 있다. 패션 디자인 교육과정은 창의력과 기술 향상을 목표로 학생들을 훈련시킬 뿐 아니라 현장 경험을 주기 위해 패션 산업 현장에서의 견습을 과정에 포함하고 있다. 그리고 디자인 교육을 받는 동안 패션 하우스의 공장이나 패션 관련 전시회에 참가하기도 한다. 자세한 사항은 해당 대학의 관련 기관에 문의하면 알 수 있다. 대학 입학을 원하는 학생들은 지원서를 제출해야 하며 만일 이력이 짧다면 인터뷰할 때 작품 포트폴리오를 잘 이용해야 할 것이다.[1]

인터뷰에 제출할 포트폴리오

인터뷰에 제출할 포트폴리오를 준비할 때는 면접관들이 작품을 쉽게 볼 수 있도록 세심하게 준비해야 한다. 가장 잘 된 작품을 선택하여 조심스럽게 정돈해 두고 질문을 받게 될 경우 세부사항도 명확하게 설명할 수 있도록 미리 준비해야 한다. 대학에 따라서는 인터뷰에 제출할 작품의 내용과 스타일에 관한 지침을 정해 주는 경우도 있다.

마지막으로, 포트폴리오에 포함된 모든 작품에 날짜를 적은 다음 제작 순서대로 정리해 두는 것도 중요하다.

역주1) 한국의 패션 디자이너 교육과정

한국에서 패션 디자이너가 되기 위해 받을 수 있는 교육과정에는 크게 세 가지가 있다. 4년제 대학의 패션 관련 학과, 2년제 대학의 패션 관련 학과와 패션 디자인 학원이다. 4년제 대학의 패션 관련 학과는 소속 단과대학이 생활과학대학이거나 미술대학(조형 혹은 디자인대학)인 경우로 구분되는데 단과대학의 특성에 따라 학과의 성격이 약간 다를 수 있다. 생활과학대학 소속의 관련 학과에서는 패션 디자인뿐 아니라 패션 마케팅, 의상 심리, 복식사, 의류 관리, 섬유 과학 등 의류학의 다양한 전 분야에 걸쳐 배울 수 있다. 미술대학 소속의 관련 학과는 패션 디자인에 보다 중점을 둔 교육과정으로 입학시 실기 고사를 통해 선발하고 있다. 소속 단과대학에 따른 학과의 특성은 저마다 장단점이 있으므로 학생의 특기와 적성을 고려하여 선택할 수 있을 것이다. 2년제 대학의 교육과정은 4년제 대학 과정을 압축한 것으로 실기 교육 위주로 편성되어 있다. 패션 디자인 학원의 과정은 고등학교 졸업 후 바로 이수하는 일반 과정과 4년제 혹은 2년제 대학의 관련 전공자가 이수할 수 있는 고급 과정이 있다.

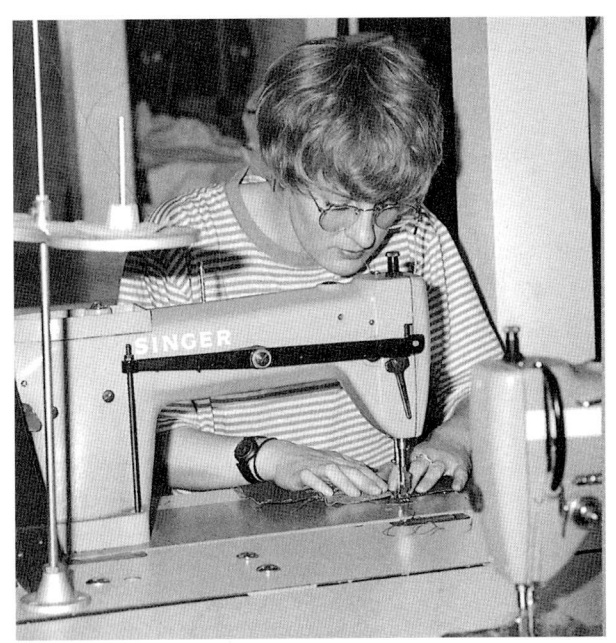

디자인 경진대회

패션을 공부하는 동안 학생들은 의류나 직물 회사가 주최하는 대회에 참가할 기회를 자주 접할 것이다.

대회에 참가하면 스포츠웨어, 데이웨어나 이브닝웨어, 혹은 더 특수한 영역에 이르기까지 다양한 분야의 패션 디자인을 시도할 기회를 얻을 수 있다. 그러는 동안 상을 탈 수도 있고 경쟁을 통해 도전정신을 키우고 경험을 쌓을 수 있다. 대회에서 두각을 나타낸 사람은 물질적 보상뿐만 아니라 졸업 후 취업의 기회를 얻기도 한다.[2]

역주2) 국내 패션 디자인 컨테스트

국내의 패션 디자인 컨테스트는 패션 관련 학회나 교육기관에서 주최하거나 패션 관련 기업이나 언론사에서 주관하는 것, 정부와 지방 자치 단체의 섬유 관련 기관에서 주최하는 것 등 그 분야와 성격이 다양하다. 포트폴리오만 제출하거나 패션 일러스트레이션으로만 평가하는 것도 있고 직접 만든 옷을 제출해야 하기도 한다. 공모전에서 요구하는 것을 정확하게 파악하고 준비하도록 한다.

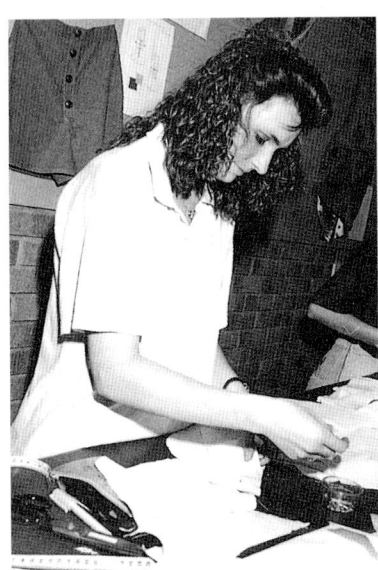

뷰네마우스 예술 디자인 대학의 B. 기술 자격(B.Tec. Diploma) 과정 학생들이 작업하는 모습

컬렉션 디자인

패션 분야에서는 대개 1년을 두 개의 시즌으로 크게 나눈다. 봄·여름과 가을·겨울. 시즌이 바뀔 때마다 패션업계에서는 다른 이미지와 스타일, 색상을 준비해야 한다.

디자이너는 12개월 정도를 앞서서 일해야 한다. 따라서 봄에는 다음해의 봄·여름 컬렉션을, 가을에는 그 다음해의 가을·겨울 컬렉션을 준비하기 위해 작업한다. 즉 한 컬렉션이 완성되면 바로 다음 컬렉션을 준비하는 것이다.

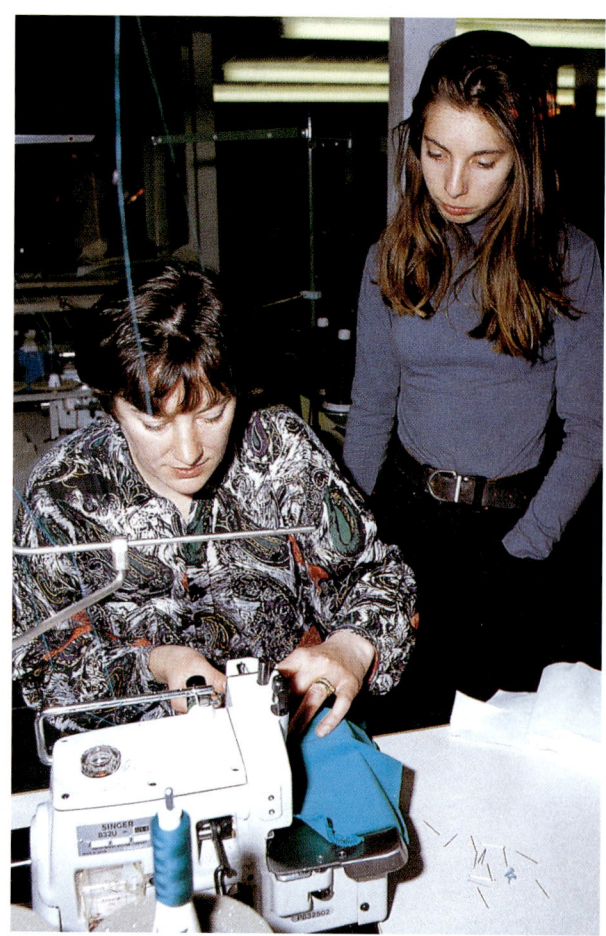

디자인 프로젝트

패션 디자인을 전공하는 학생들은 디자인 과제를 받아서 작업해야 한다. 과제를 부과하는 주체로는 교수나 제조업자, 전문 디자이너 혹은 바이어 등이 있다.

각 디자인 과제를 통해 학생들은 다양한 패션 디자인을 실습할 기회를 얻는다. 과제에서 디자인 개요를 통해 필요한 사항을 간결하게 설명하고 작업의 각 단계별 일정과 작업 완료 기한을 명시해야 한다. 학생들은 디자인을 시작하기 전에 디자인 개요를 완전히 이해하고 요구 사항을 정확하게 반영해야 한다. 특히 유의할 사항을 예로 들자면 다음과 같다.

● 정확하게 무엇을 디자인해야 하는가?
● 누구를 위해 디자인하는가 – 회사, 소비자, 아울렛 소매점, 아니면 다른 어떤 대상인가?
● 어떤 경우에, 그리고 어떤 장소에서 입을 옷을 디자인하는가?

다음은 디자인을 결정하는 데 영향을 미치는 점들이다.

● 작업 방식
● 디자인 개요에서 밝힌 요구사항
● 작업 완료일

과제를 제출한 후 작업에 대해 평가받는 과정이 학생들에게는 도움이 될 것이다.

디자인 리서치와 아이디어의 원천

디자이너는 기본적인 아이디어를 정립하기 위해 다양한 분야에서 주제를 찾고 자료를 조사한다. 아이디어를 얻는 데 도움이 될 만한 항목을 아래에 몇 가지 제시해 보겠다.

● 영화
● 연극
● 텔레비전
● 스포츠
● 회화
● 자연
● 복식사 – 다양한 시대의 패션
● 민속복
● 군복
● 스트리트 패션(상업적 수준에까지는 이르지 못한 아이디어)

디자이너는 끊임없이 패션 산업에 미치는 영향과 변화의 요인들을 감지하는 능력을 가지고 있어야 한다. 또한 마케팅과 홍보도 매우 중요하다. 마케팅과 홍보를 성공적으로 하기 위해서는 패션 전시회, 무역 박람회, 패션쇼의 효과를 알고 있어야 한다. 광고도 중요하며 진열창은 확실한 홍보 수단이다.

패션 디자인 과정을 수강하는 학생들은 해당 전문가들과 가깝게 일하며, 기업이나 단체 내부에서 개최되거나 혹은 국가가 후원하는 대회에 참가하게 될 것이다. 몇몇 대학들은 패션 산업의 특수한 분야, 예를 들면 니트웨어, 텍스타일, 자수, 모자, 구두 등의 액세서리, 스포츠웨어, 마케팅 프로모션, 경영 등을 패션 디자인 과정에 포함하고 있다.

다양한 패션 관련 직업의 분야

졸업한 후 곧바로 프리랜서로 활동하기 전에 회사에서 실무 경험을 쌓는 것이 현명하다.
디자이너는 다음 세 분야에서 활동한다.

● 산업체에서 근무

하우스 디자이너들은 패션 회사에 완전 고용되는 것이다.

● 프리랜서

프리랜서 디자이너는 자신의 작품을 패션 하우스에 판매할 수 있을 정도의 능력을 갖추거나 또는 매장이나 의류 제조업체를 관리하고 지휘할 수 있어야 한다. 프리랜서 디자이너의 제품에는 바이어의 상표가 붙여진다.

● 회사 설립

패션 디자이너는 자신의 회사를 설립할 수 있다. 많은 사람들이 자신의 디자인이 다른 사람의 상표로 팔리는 것보다는 자신의 회사에서 자신의 상표로 판매하기를 더 원한다.

다양한 패션의 분야

● 오트 쿠튀르

꾸뛰르는 개인 소비자를 위해 특별히 만드는 의복이다. 잘 맞는 모양새와 좋은 옷맵시를 만들어내기 위해 재료값을 아끼지 않고 충분한 시간을 들여 만든다.

● 매스 마켓

대량 생산되는 평균화된 사이즈의 기성복은 비싸지 않은 소재들로 만든다. 풍부한 상상력을 동원하여 디자인하는 기성복은 유명 패션 거리의 가게에서 흔히 볼 수 있다.

● 디자이너 라벨

이 제품들은 개인 소비자들을 위한 맞춤옷은 아니지만 고가를 지향하고 특별히 보증된 소량만 생산된다. 옷에는 디자이너의 이름을 딴 상표를 붙이고 재단과 구성에 있어 세심하게 제작되며 차별화한 스타일을 보여준다.

패션 드로잉을 위한 인체형 비례

기본 인체형에서 시작하기

학생들은 정확하고 빠르게 디자인 아이디어를 표현해 낼 수 있는 능력을 키워야 한다. 단순한 몇 개의 선만으로 인체를 스케치해 낼 수 있어야 한다. 이를 위해서는 몸에 대한 머리의 배수를 예측하여 키를 계산하는 것이 도움이 된다.

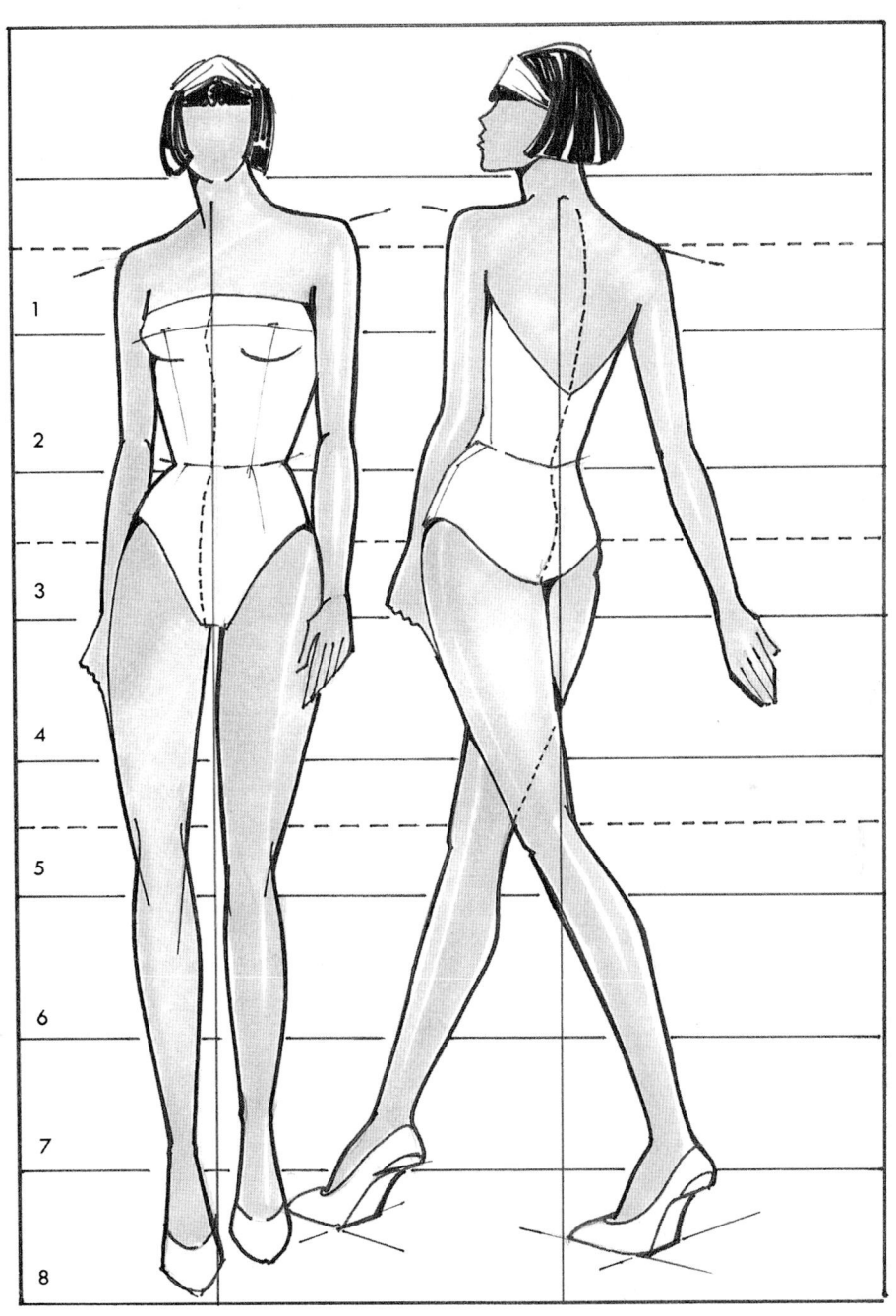

여성 드로잉

일반적으로 여성은 키가 머리의 7과 1/2배이다. 패션 스케치를 할 때 그 수는 8배 또는 8과 1/2배로 늘어난다. 다리 길이는 종종 과장되지만 디자인이 인물 전체와 연관성을 가지므로 전체적인 비례를 생각해야 한다. 디자인 스케치에서 얼굴과 손의 디테일까지 그릴 필요는 없다. 드로잉 기법은 디자인 과제가 요구하는 이미지에 따라 양식화된 드로잉에서 사실적인 표현에 이르기까지 다양하게 변화를 주며 쓸 수 있다.

스케치를 시작할 때 아주 밝은 선으로 수직선을 그려주면 정확한 균형감을 얻는 데 도움이 된다. 수직선 혹은 무게중심선은 목 중심점(목의 움푹 패인 부분)에서 무게를 지지하는 발까지 그리는데, 이는 머리와 목이 무게를 지지하는 발 위쪽에 있음을 나타내준다.

그림 실력은 그림을 보고 그리는 훈련을 하거나 해부학을 공부하고 실제 모델 크로키 수업을 통해 연습하면서 키울 수 있다. 여기에 보이는 일러스트레이션은 여성의 인체 비례에 따라 그린 것이다. 포즈는 디자인 과제가 요구하는 이미지(예를 들면 스포티하거나 세련된, 또는 활동적인, 캐주얼의)를 고려하여 선택한다.

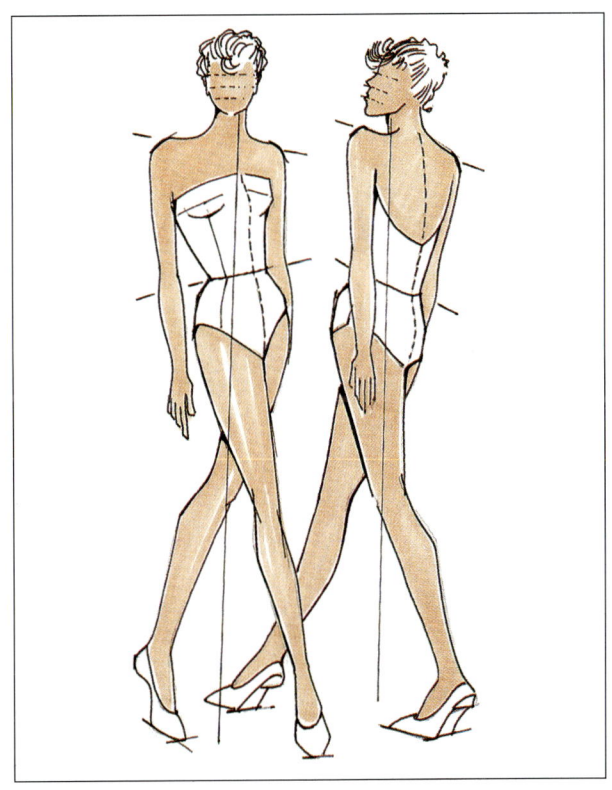

남성 드로잉

남성의 비례는 키가 머리의 7과 1/2배에서 8배 정도이다. 패션 드로잉의 표현에서는 여성과 마찬가지로 다리의 길이에서 과장되는 경향이 있다. 목 중심점에서 무게를 지지하는 발로 이어지는 균형선과 몸 윤곽선에 따라 흐르는 앞 중심선을 유의하라.

인체 작업에 너무 많은 시간을 소비하지 않고 디자인을 표현할 수 있는 포즈를 개발하라. 정면, 측면, 후면을 포함하는 것을 잊지 말 것.

실물, 사진, 혹은 잡지 일러스트레이션을 보고 스케치하면서 새로운 포즈를 개발하라. 필요한 사진은 잘라두어 참조할 수 있도록 한다.

여기의 두 디자인 스케치는 라이트 박스나 반투명 종이를 이용하여 그린 것이다. 디자인의 분위기와 활동성을 고려하여 가장 적당한 포즈를 선택한 후 원본 인체 형태를 따라 그린 것이다.

아동 드로잉

발표되어 있는 많은 아동복의 디자인 스케치들을 보면 대개 포즈가 양식화되어 있다. 그 이유는 참을성이 없어서 한 포즈로 오래 멈춰 있지 못하는 아이들을 그리기란 쉽지 않기 때문이다. 그러므로 살아 있는 모델을 빠른 크로키로 표현하거나 활동적인 포즈 몇 개를 카메라로 포착해 놓고 그려야 한다.

아주 양식화된 카툰 형식의 일러스트레이션에서 더 사실적인 표현에 이르기까지 다양한 기법으로 아이들을 그려보라.

인체 포즈의 선택 : 목 중심점에서 무게를 지지하는 발에 이르는 균형선을 잊지 말 것.

이 스케치들은 비치는 반투명 종이를 이용하여 원본 포즈에 대고 그린 것이다.

연필로 밝게 그린 구조선에 유의하라. 피부색에 마커 펜과 색연필, 디테일의 표현에는 아주 가는 펜을 사용하여 완성한 스케치의 마지막 단계.

이 세 개의 스케치는 같은 포즈를 이용하여 전혀 다른 디자인을 표현한 것이다.

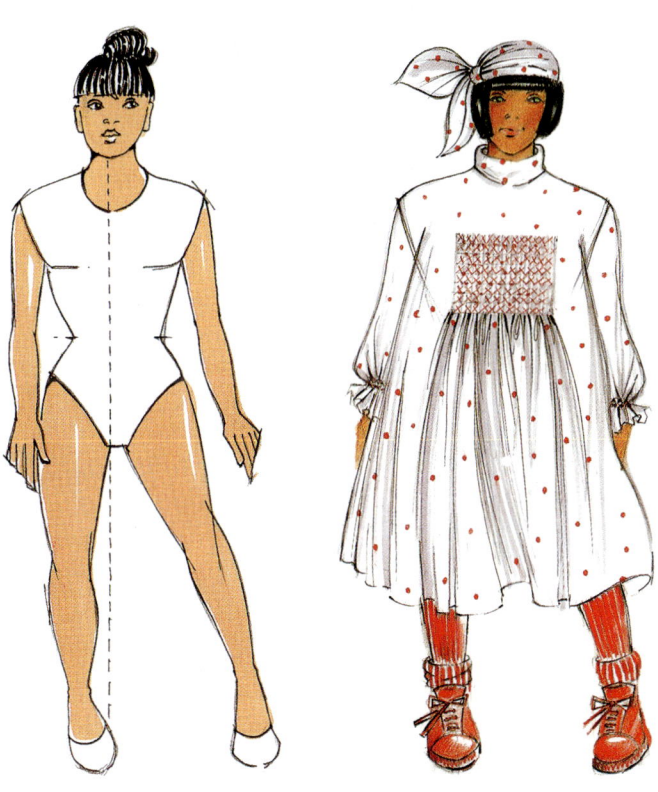

아이들을 그리거나 연령이 다른 아이들의 옷을 디자인할 때에는 아이들이 자라남에 따라 인체 비례가 변한다는 것을 유념해야 한다. 여기 있는 그림은 학생들이 연령에 따라 정확한 비례로 스케치하는 데 도움이 될 것이다.

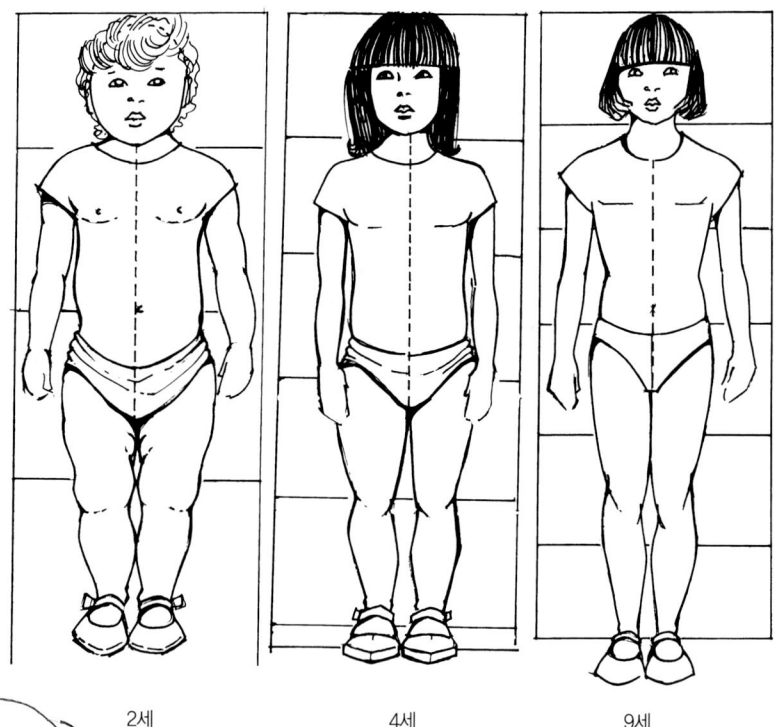

2세   4세   9세

이 그림은 아주 가는 펜을 사용하여 두 단계로 그린 것이다. 처음엔 목 중심점에서 무게를 지지하는 발에 이르는 균형선을 이용하여 몇 개의 선으로 인물의 윤곽선을 그렸다. 그 다음에 디테일을 조심스럽게 그렸다. 엷은 회색 마커 펜을 사용하여 표현한 주름과 그림자로 자연스럽게 스케치에 깊이감을 표현하였다.

12세   15세   18세

디테일

포켓

포켓은 따로 만들어 옷 위에 바느질로 붙이거나 옷의 한 부분
처럼 만들어 안쪽에 숨기기도 한다. 또한 종종 주름, 개더, 봉
제선처럼 디자인에 있어 장식적인 특징으로 이용할 수도 있다.
플랩 포켓은 옷감에 길게 트임을 주어 만든다. 다양한 크기와
위치에 세로로도 가로로도, 혹은 둥글게
도 만들 수 있다.
슬릿 포켓을 마무리하는 방법에는 세
가지가 있다.

● 입술 단춧구멍처럼 보이게 바이어
   스로 마무리하는 방법.
● 트임 상부에 플랩을 끼워 넣어 주머
   니 뚜껑을 만들어 마무리하는 방법.
● 트임 하단에 웰트라는 별도의 옷감을 바느질
   하여 마무리하는 방법.

패치 포켓

칼라 디자인

칼라 디자인은 네크라인에 붙이는 기본 스타일(플랫, 롤, 스탠드 칼라)에 기초하여 떼어내거나 개조하며 이루어진다. 사용한 소재의 무게와 질감에 따라 다양한 효과를 낼 수 있다. 따라서 이 점을 디자인 스케치를 할 때 신중하게 고려해야 한다. 여기에 소개한 그림들은 세 가지 기본적인 스타일에 기초하여 그것

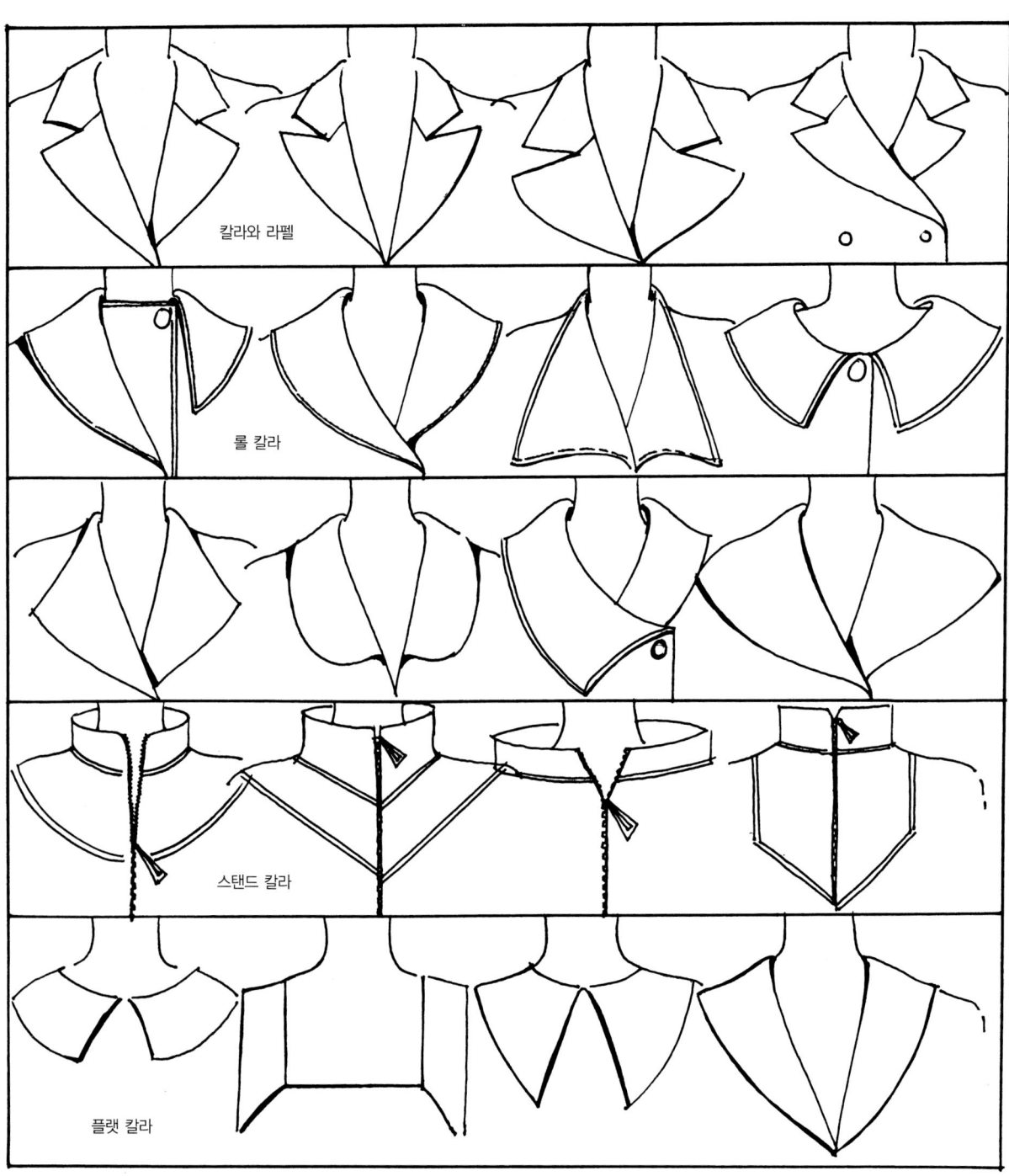

칼라와 라펠

롤 칼라

스탠드 칼라

플랫 칼라

22

을 변화시킨 디자인을 선정한 것이다. 이 외에도 다른 디자인으로 다양하게 개발할 수 있다.

패션쇼와 진열창, 잡지에서 본 칼라들을 스케치하고 다양한 스타일에 따라 폴더를 만들어 보관하라. 또한 지난 시대의 패션에서부터 회화, 책의 삽화, 오래 된 영화의 의상들을 참조하여 디자인 아이디어를 얻어라.

칼라 각 부분의 명칭을 보여주는 세부 스케치

드레이프, 주름과 개더

주름이나 개더, 드레이프를 표현할 때 그리고자 하는 의복 직물의 특성을 이해하는 것이 중요하다. 무게와 두께에 따라 늘어뜨려진 주름을 묘사하는 법이 달라진다. 소재를 정확하게 이해하기 위해서는 선택한 소재를 옷걸이에 걸쳐보고 주름과 개더가 생기는 모습을 관찰하는 것이 도움이 된다. 다양한 재료를 사용하여 선과 색으로 스케치해 보면서 주름을 효과적으로 표현할 수 있도록 연습하라.

무겁고 중후한 소재에 생기는 주름에 비해 가벼운 소재에서 생기는 작고 부드러운 주름을 비교해보라.

프릴, 플라운스, 바이어스 컷 드레이프

스커트 헴 라인을 위한 보조선을 사용하여 스커트 디자인을 그
린다. 몇 개의 선으로 소재, 드레이프, 개더 또는 주름의 유형
을 묘사한다.
그 다음 부드러운 색연필로 칠한다. 접혀 들어간 부분은 진하게
칠하여 어둡게 묘사해 주름과 드레이프의 깊이감을 나타낸다.

인체 견본을 이용한 디자인 스케치

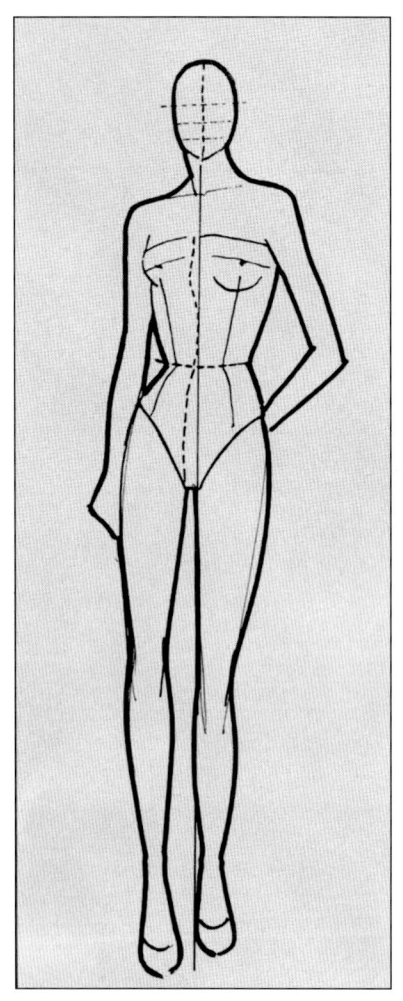

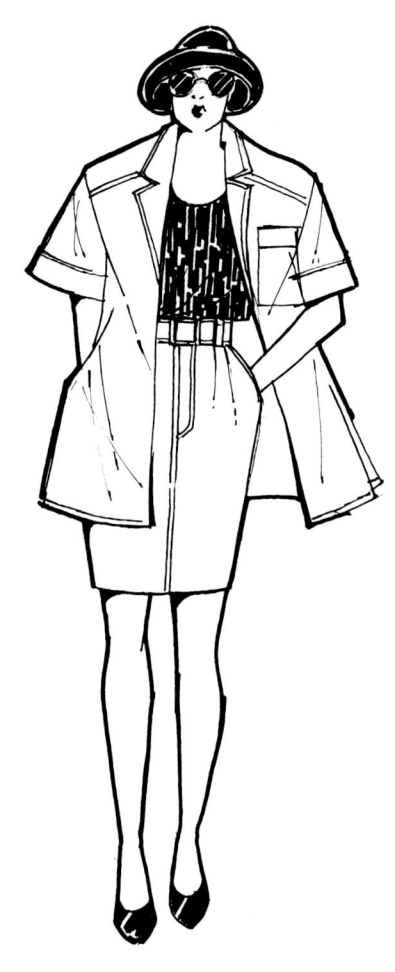

1. 인체 견본을 이용하여 디자인 스케치를 할 때는 우선 디자인에 적합한 포즈(예를 들면 우아한, 스포티, 캐주얼 또는 세련된 등의 형용사에 어울리는 포즈)를 선택한 후 반투명 종이 혹은 라이트 박스 위에 견본을 놓고 작업을 하면 견본의 스케치가 종이에 잘 투시되어 보인다.

2. 인체 견본을 선택한 후 나타내고자 하는 디자인을 염두에 두고 비치는 인체 위에 연필로 디자인을 그린다. 앞 중심선을 보조선으로 이용하여 정확한 균형감을 유지하면서 포켓, 재단선, 여밈선 등 디테일을 조심스럽게 나타낸다.

3. 주름을 표현하는 등, 마지막 디테일을 그려 디자인을 완성시킨다. 서로 연관되어 있는 정면과 후면의 모습을 함께 고려하라.

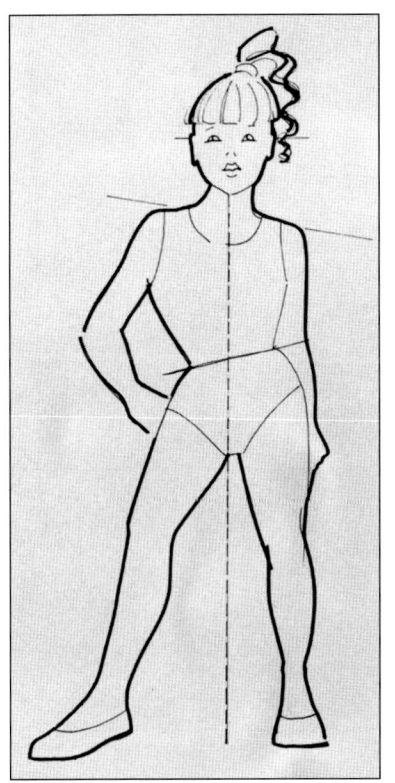
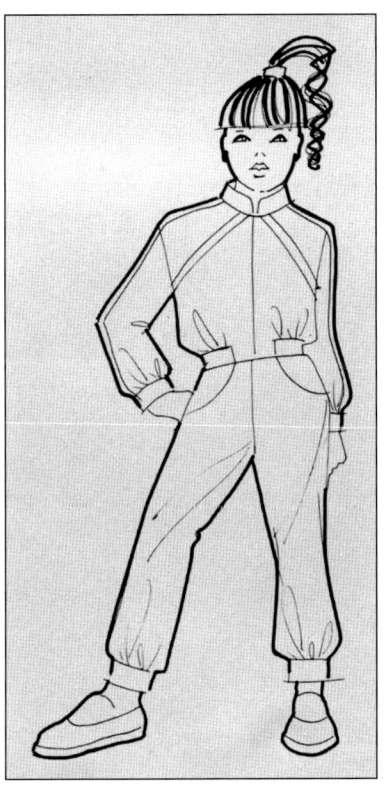

실물 모델을 이용한 드로잉과
패션 일러스트레이션

대부분의 패션 디자인 교육과정에는 실물 모델을 이용한 드로잉 과정이 포함되어 있다.

수업에서 한 포즈를 그리는 데 허용하는 시간은 5분에서 20분까지 다양할 것이고 종종 수업에 같이 참여하는 친구들이 서로 돌아가며 포즈를 취하게 될 것이다. 이러한 방법을 통해 새로운 포즈를 만들어내고, 동작을 바꾸면서 의복의 움직임을 관찰할 수 있다. 다양한 종류의 종이와 표현 재료들을 사용하여 그려보라. 그리고 다양한 크기로 그려보고 테크닉에 있어서도 자유로운 테크닉에서 더 통제된 테크닉에 이르기까지 다양하게 구사해보라.

패션 일러스트레이터는 무엇보다도 포즈의 일반적인 특징과 함께 디자인의 주요 디테일들을 잘 관찰해 파악하면서 모델을 그릴 수 있어야 한다.

패션쇼를 보면서 필요한 디자인을 빠른 속도로 스케치하는 경우에 그렇듯 2분에서 5분 정도의 아주 짧은 시간 안에 그리는 포즈 드로잉은 좋은 연습이 된다. 또한 사용한 소재라든가 디자인 특징, 색상 등 디자인에서 유의해야 할 사항은 메모를 하도록 한다.

모자 디자인과 드로잉

대부분의 모자 디자인은 이 그림에서 보이는 것처럼 몇 개의 기본적인 스타일에 기초해서 여러 다른 소재와 장식들을 이용하여 다양하게 변화시켜 만들어낼 수 있다.

모자는 토털 패션 이미지에 있어서 중요한 액세서리다. 모자 디자인은 하나의 주제를 가지고 시작한다. 그리고 그 주제에 맞추어 스케치를 다양하게 시도해 보고 소재와 장식을 생각하며 아이디어를 전개시킨다. 스케치가 끝난 후에는 모자를 작업실에서 다양한 방법으로 만든다. 기본적인 소재와 재료를 적당한 크기의 나무로 된 모자골에 늘어뜨리거나 맞춘다.

다양한 디자인으로 변형할 수 있는 몇 가지
기본적인 스타일은 다음과 같다.

보터

픽처 해트

브르통

플라잉

트릴비

필박스

스테트슨

캡

스컬캡

모자를 그리는 방법은 두상과 관계가 있음을 명심하라. 연필로
몇 개의 보조선을 표시해 놓으면 모자 드로잉을 완성하는 데
도움이 될 것이다. 이 스케치들은 진하고 부드러운 검정색 색
연필로 그린 것이다.

이 모자들은 마커 펜과 목탄 느낌의 색연필을 써서 그린 것이다. 두상에 맞춰 모자의 위치를 나타낸 구성선에 유의하라.

신발 드로잉

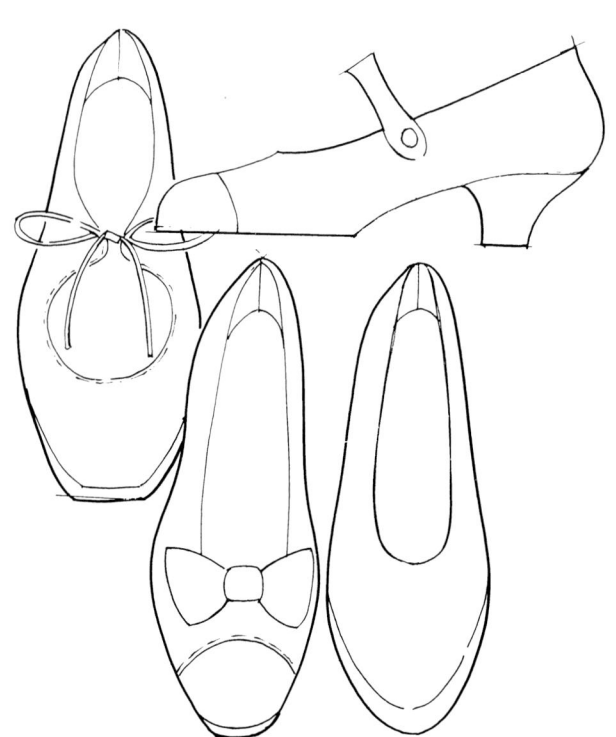

신발 디자인의 형태와 관련하여 발의 정확한 비례를 가늠하는 것이 중요하다. 디자인 작업지에서 각기 다른 각도의 신발 형태를 보여주고 가죽의 재질감과 장식을 보여주도록 한다.

이 장에서는 어떻게 디자인 작업지를 선택하고 신발 디자인을 표현할 것인가 설명할 것이다. 다양한 스타일의 신발을 선택해서 여러 다른 각도에서 그려보는 것이 좋은 연습이 된다. 그림 속의 다양한 스타일과 굽의 높이, 여러 가지 디테일 디자인을 유념해서 보도록 한다.

스케치는 두 단계로 나뉜다.

1. 우선 가는 펜을 사용하여 검정색 선으로만 표현한다.
2. 진하고 부드러운 검정색의 색연필로 칠해 어두운 부분을 나타내준다. 흰색 부분을 남겨서 빛에 반사된 부분을 표현하고 톤을 다양하게 표현해야 한다.

신발 디자인 작업지

신발을 디자인하고 그리기에 앞서 신발을 만드는 방법과 사용하는 재료를 이해해야 한다.

신발 디자인 작업지를 만드는 방법은 개인마다 다르다. 디자인 작업지에는 여러 각도에서 본 디자인을 그려야 하고 사용한 재료의 견본과, 필요하다면 부가적인 설명을 곁들여 완전한 정보를 담아야 한다.

자료 조사

박물관이나 미술관, 전시회에 가면 참고가 될 만한 그림 엽서를 사두고 디자인을 전개할 때 적당한 주제가 될 수 있을 만한 것을 스케치하라.

신발 디자인 과목을 수강하는 학생들에게는 시장과 신발의 유형, 그것을 신을 경우를 예측한 개요가 주어진다. 디자인 아이디어를 위한 자료 조사 주제는 공통적으로 정해 주는 경우도 있으나 학생들이 선택하기도 한다.

디자인에 반영할 패션 이미지가 필요하다. 맨 먼저 디자인 개요가 요구하는 사항을 반드시 완전하게 이해해야만 한다. 다음은 자료 조사를 해야 한다. 박물관, 사진, 건축, 패션의 역사, 장식, 식물의 형태를 다룬 책을 참조하여 아이디어를 얻을 수 있다. 때론 적당한 공장을 방문하여 보는 것이 도움이 되기도 한다.

검정색 가죽 부츠. 가늘고 굵은 두 종류의 선을 이용한 검정색 라인 드로잉이다. 부드러운 왁스 펜으로 색상을 칠했다. 광택 있는 가죽 표면을 표현하기 위해 흰 부분을 남기는 것을 잊지 말 것.

어린이의 캐주얼 슈즈를 두 단계로 그린 신발 디자인

학생들은 항상 스케치북을 이용하여 디자인 작업을 시작한다. 종종 디자인 아이디어를 발전시켜 나갈 때 자료 조사 보드를 만들기도 한다. 그런데 샘플은 다양한 기술을 시도하여 만들어야 한다.

자료 조사를 통해 선택한 주제에 맞춰 디자인 스케치를 여러 번 해보면서 샘플 디자인 작업지를 만든다.

하나나 그 이상의 디자인을 선택하여 프레젠테이션 드로잉을 완성하는데, 채색된 디자인 일러스트레이션에는 종종 가죽 샘플과 장식, 그리고 전체의 이미지를 예상할 수 있는 패션 스케치를 포함시키기도 한다.

다음 단계는 신발을 만드는 작업실에 넘길 실제 드로잉을 하는 것이다.

스포티 슈즈. 사인 펜을 이용한 라인 드로잉.
색연필로 채색. 디자인 스케치를 할 때는
디테일에 주의할 것.

코드웨이너(Cordwainer) 대학의 작업장에서
신발 디자인을 완성하는 학생

디자인 컬렉션을 시작할 때 학생들은 디자인을 위한 자료 조사부터 하게 되는데 이때에 주제를 찾기 위해 다른 여러 영역들을 탐구한다. 디자인의 영감은 다양한 것으로부터 얻을 수 있지만 그 중에서도 시각적 효과가 강한 대상물로부터 생겨나곤 한다. 영감을 얻고 주제를 결정한 다음에는 스케치북에 아이디어를 옮기면서 작업을 시작한다.

카메라는 이미지와 재질감을 기록하는 데 유용하다. 예를 들면 구름의 형성, 꽃과 식물의 형태, 건축물의 부분들 같은 것이다.

주제와 관련된 샘플이나 자료들은 디자인할 때 바로 참조할 수 있도록 보드에 핀으로 꽂아두어 잘 보이도록 한다.

스케치북

뷰네마우스 예술 디자인 대학 B.
기술 자격 과정 1학년생의 작품들

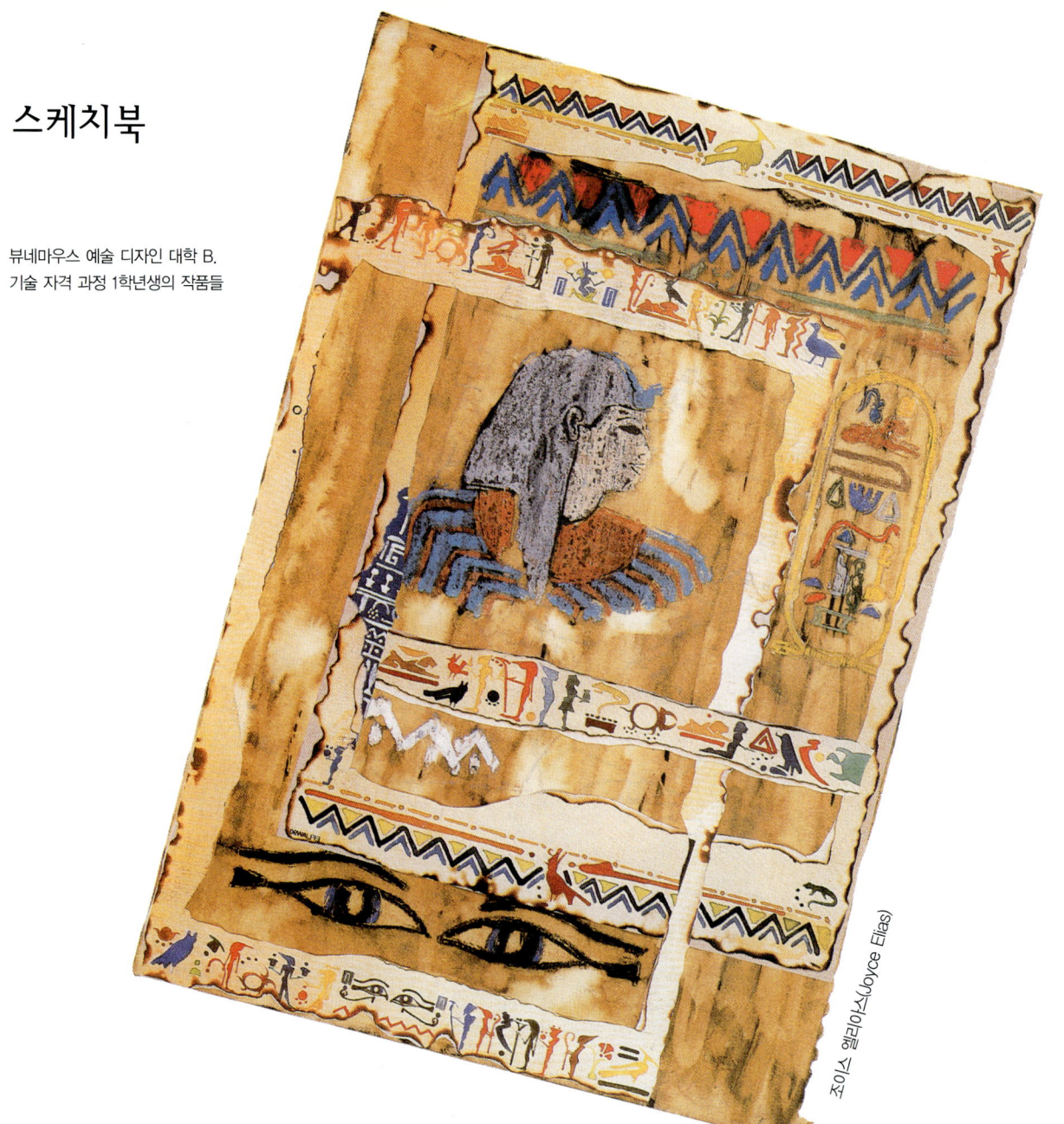

조이스 엘리아스(Joyce Elias)

스케치북은 하드커버이건 소프트커버이건 혹은 나선형 바인딩이건 종이가 하나씩 뜯어지는 형식이건 모두 유용하다. 종이의 질과 유형은 질감이 가벼운 것부터 부드러운 표면을 지닌 것까지 다양하지만 질이 좋은 종이는 어떤 재료든 사용하기에 좋다. 스케치북은 디자인 과제를 시작할 때부터 쓰인다. 스케치북은 패션 디자인을 전공하는 학생들에게 매우 중요하며 과목을 수강하는 동안 끊임없이 참조되고 경력을 쌓아가는 동안 계속 이용될 것이다. 학생들은 스케치북에 디자인 아이디어와 영감을 얻기 위한 자료 조사에서부터 색상 연구, 소재 샘플, 재단, 노트와 아이디어 스케치에 이르기까지 작업한 것을 담는다.

대부분의 학생들은 완성된 단계로 작업하기 전에 스케치북에 작업한다. 스케치북에 자료 조사와 디자인 테마, 컬러 스토리를 발전시키며 프로젝트를 시작한다. 또한 프레젠테이션을 할 때마다 완성된 과제 작업과 함께 스케치북을 보여준다.

줄리엣 버글러(Juliet Bugler)

스토리보드

학생들은 디자인 개요에 따라 디자인 컬렉션의 자료 조사, 색상, 소재를 반영하는 스토리보드를 만들어야 한다.

트렌드 예측 보드

트렌드 예측 보드에는 사진, 패션 스케치, 소재 샘플, 디자인 영감에 대한 기록들을 포함시킨다.

고객에게 프레젠테이션을 할 때나 전시장에서 전문적으로 홍보를 목적으로 하여 디스플레이를 하는 데 트렌드 예측 보드를 사용한다. 또한 패션 관련 업체에서 직원을 훈련시키거나 돌아오는 시즌의 새로운 트렌드, 색상, 소재에 대한 정보를 알리는 일에도 쓴다. 대체로 트렌드 예측 보드는 패션과 텍스타일 잡지에 패션 트렌드를 예견하거나 홍보하는 기사와 함께 사진으로 찍혀 실리곤 한다.

색상 보드

색상 보드는 패턴과 질감을 보여주는 소재 샘플과 함께 새로운 색상 조합을 홍보하는 데에 유용하다.

프로필 보드

프로필 보드에는 시장 조사 및 옷을 입을 환경과 옷을 입는 사람의 라이프 스타일을 포함한 고객 프로필을 반영한다. 보드에 붙일 자료는 이 점을 잘 나타낼 수 있는 것으로 신중하게 선택하고, 사진은 컬렉션에서 대상으로 하는 고객의 유형(예를 들어 스포티, 세련된 혹은 우아한 유형)을 나타내는 것을 쓴다.

자료 조사 보드

패션 디자인을 전공하는 학생들은 종종 자료 조사 보드를 만들어야만 한다. 보드 위에 자료들을 정리하는 방법과 색상 계획을 선택할 때는 추구하는 테마와 분위기를 반영할 수 있는지 염두에 둔다.

자료 조사 보드에는 사진, 사진 복사 자료, 엽서, 잡지 자료, 스케치, 천의 장식 등 디자인을 할 때 영감과 참조의 원천으로 사용되는 자료들을 신중하게 선택하여 포함시킨다.

패션 디자인 프레젠테이션 보드

이 보드에는 소재 샘플, 드로잉을 통해서 디자인 컬렉션을 표현해야 한다. 아울러 스케치, 사진 또는 입을 환경과 디자인 분위기를 예상할 수 있는 적절한 자료들을 포함해야 한다.

배경 사진과 도식화, 일러스트레이션이 표현되어 있는 마지막 단계의 프레젠테이션 보드의 예를 옆 페이지에서 볼 수 있다.

패션 전공 학생들이 만든 스토리보드를 다음 두 페이지에서 볼 수 있다.
(뷰네마우스 예술 디자인 대학의 B. 기술 자격 과정 1학년생의 작품)

ATLANTIS

셀리 엔 브라운(Sally Ann Brown)

44

티파니 커티스(Tiffany Curtis)

SPRING/SUMMER 1991

CHILDRENS RESORT WEAR

사라 페티(Sara Petty)

디자인 개발 용지

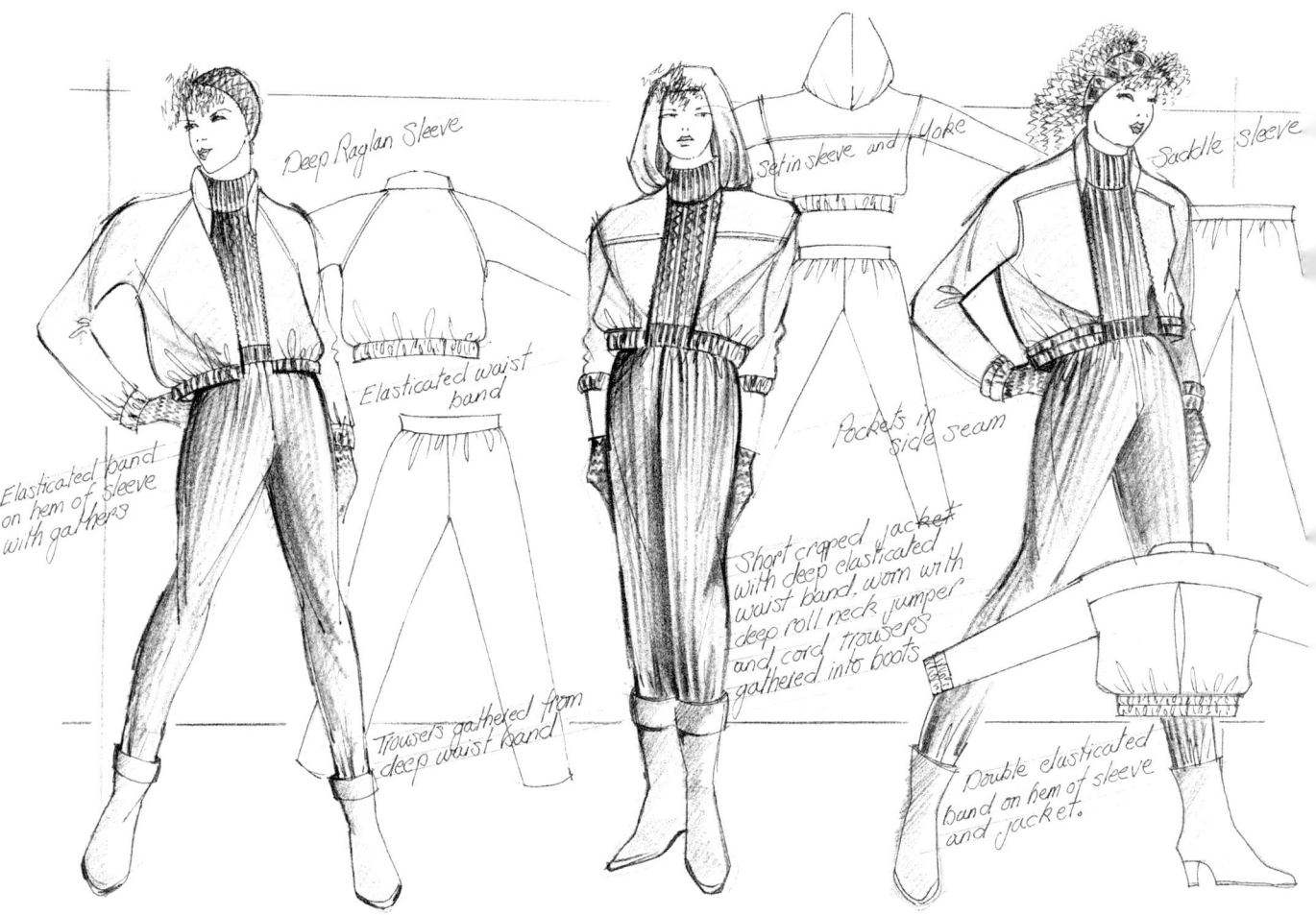

Deep Raglan Sleeve

Set in sleeve and Yoke

Saddle Sleeve

Elasticated waist band

Elasticated band on hem of sleeve with gathers

Pockets in side seam

Short craped jacket with deep elasticated waist band, worn with deep roll neck jumper and cord trousers gathered into boots

Trousers gathered from deep waist band

Double elasticated band on hem of sleeve and jacket.

디자인 개발 작업은 테마에 기초하여 다양한 디자인을 스케치해 보면서 발전된다.

디자인 작업지의 드로잉과 레이아웃 스타일은 개인마다 다르다. 어떤 사람들은 양식화된 방법을 선호하는 데 반하여 그림에서처럼 몇몇 학생들과 디자이너들은 자유롭게 스케치한다. 학생과 전문 디자이너들은 종종 인체 견본을 투사해 사용함으로써 시간을 절약한다. 이러한 방법을 쓰면 훨씬 빠르게 스케치할 수 있지만 각자 선택할 문제다.

여기 보이는 그림처럼 뒷모습도 포함할 수 있고 옷만을 도식적으로 표현하거나 인물 위에 스케치할 수도 있다. 단 색상과 패턴을 예측할 수 있도록 해야 하며, 만일 스케치만으로 설명할 수 없다면 완전한 정보를 제공하는 글을 써서 덧붙인다.

작업 지시서

제작을 위한 작업 지시서의 드로잉에 있어 가장 중요한 점은
디자인의 모든 디테일을 확실하게 보여주어야 한다는 것이다.
항상 인체의 비례에 맞춰 평면(전면) 드로잉을 스케치해야 한
다. 다트, 봉제선, 포켓, 단추와 같은 디테일의 위치를 조심스
럽게 고려해야 한다.

Silk jacket with hood
Deep round yoke.
Dropped shoulder line gathered
waist band with drawstring tie
C.F. button fastening
3/4 length sleeves

ool Jersey Jacket
raped hood. Gathered waist
ull gathers. Patch Pockets.
t in sleeves.

작업 지시서에 넣는 스케치는 패션 스케치에 대한 분석이므로
디자인의 실제적인 측면을 고려하여 그려야 한다. 예를 들면
칼라가 어떻게 붙어 있는지, 여밈은 어떤 방식인지, 솔기의 위
치 등이 잘 나타나야 한다. 디자인에 복잡한 디테일이 있다면
이 부분은 따로 자세히 그려서, 드로잉에서 명확하게 표현할
수 없는 부분들에 대해 자세히 설명한 글과 함께 실어야 한다.

이 자료 조사 보드는 아프리카를 테마로 하여 아프리카풍의 모티프와 색상을 사용해서 스포츠웨어 컬렉션을 위해 만든 것이다.

패턴과 텍스타일 만들기

다양한 텍스처를 개발할 때 극도로 세밀한 패턴을 만들 필요는 없다. 디자인 스케치에서 텍스처의 특성을 보여주면 된다. 프레젠테이션 드로잉이나 일러스트레이션 작업을 할 때 스케치 단계에서는 생략한 패턴을 더 자세하게 표현할 필요가 있을 수도 있다.

패션 스케치를 한 후 이것을 여러 장 만들어(복사기를 이용할 수 있다) 각 스케치마다 다른 직물을 선택하여 여러 직물 샘플 패턴을 표현해 보는 연습을 하면 좋은 경험이 될 것이다.

여러 재료들을 사용하여 다양한 효과를 낼
수 있도록 시도해보라.
사용된 소재와 대비되는 색을 조합해보라.
인체의 한쪽 면을 어둡게 하고 다른 쪽 면을
밝게 그림으로써 음영과 그림자를 가장 효
과적으로 표현할 수 있다.

다양한 재료의 사용

디자인이나 일러스트레이션을 할 때 선택할 수 있는 미술 도구의 폭은 넓다. 이 장에서는 대중적인 재료의 일부를 작업 예와 함께 실어 보여주고 있다. 여러 재료를 써보면서 다양한 효과를 시험해 보고 새로운 가능성을 탐구하는 노력이 중요하다.

미술 재료의 가격과 질은 다양하다. 따라서 사용할 재료를 구입할 때는 신중하게 선택해야 한다. 항상 많은 양을 살 필요가 있는 것은 아니다. 마커 펜이나 연필, 잉크, 파스텔과 같은 재료는 낱개로 또는 소량 포장으로도 판매된다.

재료는 조심스럽게 다루어야 한다. 연필은 뾰족한지, 펜이 깨끗한지, 붓과 팔레트는 잘 씻어놓아 사용할 준비가 되었는지, 작업을 시작하기 전에 확인하는 것이 중요하다. 마커는 빨리 마르는 특성이 있으므로 마커 펜의 뚜껑을 항상 제대로 닫아놓아야 한다.

상자 안에 모든 재료를 잘 정리해서 보관하여 필요할 때 바로 꺼내 쓸 수 있도록 한다. 레이아웃, 카트리지, 수채화 용지는 항상 폴더 속에 보관하여 언제든 사용할 수 있도록 준비해 둔다. 작품은 항상 깨끗하고 평평하게 보관해야 한다. 작품을 주제에 따라 정리하고 항상 모든 작품에 날짜를 매긴다. 인터뷰나 회의 막판에 서두르지 않도록 어느 때나 보여줄 준비가 된 작품 폴더를 가지고 있어야 한다.

항상 전문적인 방식으로 작업을 해야 한다. 디자인 스튜디오에서 학생들은 드로잉 책상과 자료 조사한 것을 붙여놓을 수 있는 핀 보드를 놓은 개인 작업 공간을 배정받아 작업한다.

마스킹 필름

마스킹 필름은 드로잉할 때 색을 칠하지 않을 부분을 가리기 위해 사용하는 투명한 필름이다. 필름은 종이의 표면에 손상을 주지 않고 떼어낼 수 있도록 살짝 붙여진다. 필름을 사용할 때에는 드로잉 전체를 덮은 다음 메스로 색칠할 부분을 오려낸다. 메스는 아주 날카로우므로 사용할 때 매우 조심해야 한다.

검정색 연심 색연필

부드러운 심의 검정색 연필로 드로잉할 때는 다양한 세기의 압력을 써서 표현한다. 옆의 드로잉은 두 단계로 완성하였다.

1. 뾰족한 심의 연필로 드로잉의 외곽선을 표현.
2. 연필로 라인 드로잉에 명암을 표현.

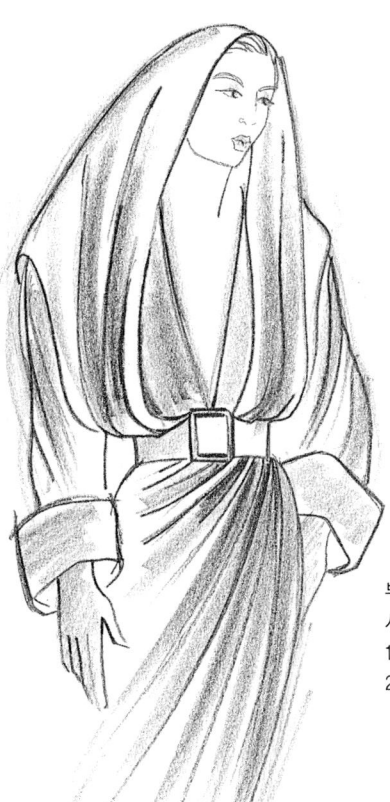

부드러운 브리스틀 보드를 일러스트레이션에 사용하였다.

1. 모델을 보고 그린 라인 드로잉.
2. 의상의 풍부한 주름을 표현하기 위해 흰색 부분을 남기면서 명암을 표현하였다.

1

2

3

4

색연필

넓은 색 영역을 가진 색연필은 부드러운 것에서 단단한 것까지 다양한 종류가 있다. 색연필은 여러 색을 묶어서 상자에 넣어 세트로 판매하는데 색이 많은 것도 있고 적은 것도 있다. 또는 낱개로 구입할 수도 있다. 종류에 따라 어떤 것들은 물에 용해되어 색연필을 칠한 후 물에 적신 붓 터치를 가함으로써 수채화 같은 효과를 얻을 수 있다.

색연필로 그리기 전에는 항상 색 실험을 해야 한다. 연필에 힘을 가할수록 톤이 깊어지고 진한 색이 될 것이다. 또한 한쪽 방향으로만 덧칠하는 것이 더 효과적이다. (그림 참조)

종이를 선택할 때는 거친 것에서 부드러운 것까지 원하는 효과에 따라 선택할 수 있다. 물을 사용할 때에는 흡수성이 있는 종이를 선택해야 함을 명심하라.

부드러운 색연필로 표현한 니트웨어와 청바지의 일러스트레이션이다. 보다 부드러운 효과를 내기 위해 면 솜과 붓으로 용해제를 덧칠하였다.

색연필을 이용한 실험

1. 톤

한 색상을 네 단계로 변화를 주면서 칠해 보라. 밝은 톤에서 점진적으로 어두운 톤에 이르기까지 변화시켜 보라.

2. 광택

광택의 효과를 주어 색상을 부드러워지게 할 수 있다. 광택은 흰색 또는 밝은 회색 연필로 덧칠함으로써 완성된다.

3. 색의 혼합

색연필을 섞어 쓰면 보다 많은 색을 만들어낼 수 있다.

4. 톤의 변화

연필에 가하는 힘을 조정하여 색이 톤에 변화를 줄 수 있다.

명암과 깊이감을 주기 위해 흰 부분을 남겨놓고 한쪽 방향으로 색연필을 칠함.

라인 드로잉과 쿨 그레이 마커 펜

이 스케치는 검정색의 가는 펜을 사용하여 그린 것이다. 톤은 펠트 타입의 쿨 그레이 마커로 표현하였다. 이 기법은 빠른 시간 안에 스케치를 완성하고자 할 때 유용하다.

유성 크레용과 수성 크레용

유성 크레용은 색상뿐 아니라 두께도 다양해 폭넓게 선택할 수 있다. 단단하고 밝은 색상을 표현할 수 있고 여러 단계로 톤의 변화를 주기는 어렵지만 손의 힘에 따라 더 깊은 톤을 나타낼 수 있다. 다양한 색과 질감의 종이 위에 크레용을 실험해보라. 왁스(파라핀)를 재료로 하여 만든 것도 있고 수용성인 것도 있

어 물과 함께 사용할 수도 있다.

유성 크레용이나 양초는 물에 녹지 않는 성질을 이용할 수 있다. 유성 크레용과 양초를 사용하면 크레용 아래의 종이는 방수가 되어 크레용이 칠해진 부분의 색은 수용성 재료인 수채물감이나 구아슈를 칠하더라도 남는다.

얇은 피부색을 표현하는 데 쓰인 카랜
다크 매직 마커-배얼리 베이지 A822

유성 크레용을 사용한 표현

카랜 다크 유성 색연필

라인 드로잉

라인 드로잉에 사용할 수 있는 펜의 종류는 다섯 가지가 있다.

1. 테크니컬 펜
2. 플라스틱 촉 펜
3. 섬유질 촉 펜
4. 롤러 펜
5. 볼펜

새로운 형태의 펜들이 끊임없이 만들어지고 있다. 펜을 선택할 때에는 그것이 원하는 선을 표현할 수 있는지 먼저 실험해보라. 또한 사용할 종이나 카드를 고를 때는 그 표면이 선의 성격에 영향을 미칠 수 있는지 주의 깊게 고려해야 한다.

이 페이지에 있는 드로잉은 같은 그림 안에서 부분에 따라 선의 성격이 다른 다양한 펜을 사용하여 각기 다른 기법으로 표현한 것을 볼 수 있다.

드로잉 펜
• 테크니컬 펜
디자이너들이 사용하는 잉크 펜이 테크니컬 펜으로 알려져 있다. 테크니컬 펜은 튜브 모양 안에 들어 있는 펜촉으로 깨끗한 선을 그릴 수 있다. 펜촉의 크기에 따라 선의 굵기가 정해진다. 테크니컬 펜은 아주 정교한 세부 작업에 쓸 수 있도록 극도로 정밀하게 만들어졌다.

- **롤러 펜**

아주 부드럽게 움직여 잉크의 흐름이 고르다. 색상의 범위와 굵기가 다양하다.

- **볼펜**

끝을 회전하는 스틸 카바이드 볼로 만들었고 색상과 굵기의 범위가 넓어 유용하다.

- **플라스틱 촉 펜**

이것은 아주 정확한 선을 표현할 때 사용한다.

- **섬유질 촉 펜**

비닐이나 나일론으로 펜촉을 만들었으며 단단한 것에서 유연한 것까지 다양하다. 표현하고자 하는 선의 성격에 따라 다양하게 크기를 선택할 수 있다.

부드러운 색연필

부드러운 색연필로 선의 자국 없이 강하고 풍부하고 고른 면을
나타낼 수 있다. 테레빈유와 함께 쓸 수도 있고 하이라이트와
광택을 표현할 수 있는 색상의 마커 펜과 함께 쓸 수도 있다.
덧칠로 색 혼합이 가능하다.

(흑연) 연필

연필은 딱딱한 것에서 부드러운 것까지 농도에
있어서 다양하여 선택 범위가 넓다. 의도하는 효
과에 따라 질감을 고려하여 종이를 적절하게 선
택하는 것이 중요하다. 트위드 같은 효과를 위해
서는 터프한 질감의 종이가 필요하고 드레이프
성이 있는 실크 등의 표현에는 부드러운 표면의
종이가 적합하다.

 작업을 할 때 섬세한 부분에는 뾰족하게 깎은
연필을, 그리고 농담을 표현하는 부드러운 부분
에는 뭉툭한 연필을 선택하는 것이 유리하다.
농담의 표현은 연필에 힘을 줌으로써 어두운 부
분을 나타낼 수 있다. 디테일을 보여주기 위해서
는 흰 부분을 남긴다. 흰색 색연필을 이용할 수
도 있다.

수채 물감

수채 물감은 단단한 평판처럼 되어 있는 것이나 또는 튜브에 들어 있는 것을 구입할 수 있다. 다양한 크기의 미술 도구 가방을 사용하면 편리하며 다양한 품질과 크기의 붓도 구입할 수 있다. 만약 안 좋은 품질의 종이를 사용한다면 종이를 늘여야만 한다. 만약 그것을 늘이지 않고 쓰면 종이가 물에 반응하여 주름져서 결국 작업을 망쳐버리게 될 것이다.

종이 늘이기

수조에 차고 깨끗한 물을 채운다. 종이를 물 속에 잠깐 담갔다 건진 후 물이 흘러나오도록 몇 초간 잡고 있다가 드로잉 보드 위에 평평하게 놓는다. 양면테이프로 가장자리를 붙여 종이를 판에 고정시킨다. 종이가 마르고 완전히 평평해지면 사용할 준비가 된 것이다. 드로잉이 완성되고 완전히 마르면 메스를 이용하여 가장자리를 똑바로 잘라 판에서 종이를 떼어낸다.

프레젠테이션에 쓰기 위해 완성한 디자인 드로잉. 완성본이 되기까지 작업 중인 드로잉을 다음 페이지에서 볼 수 있다.

1. 가는 검정색 선으로 스케치한다.

2. 흰 부분을 남기며 엷게 칠한다.

3. 주름진 부분의 깊이를 생각하며
   인물의 왼쪽 편에 음영을 준다.

마커

진열대에서 마커를 고르면서 때론 당황할 수도 있다. 어떤 것은 잘 녹는 잉크를 함유하고 있고 어떤 것은 영구적으로 색상이 고착되는 잉크이다. 펜촉은 나일론이나 스펀지 등으로 만든 섬유질 촉으로 크기는 가는 것에서 넓은 것까지 다양하다. 형태에 있어서도 둥근 것, 네모난 것, 추 모양, 끌 모양 등이 있다. 색상의 범위도 아주 넓다. 사용 후에는 항상 뚜껑을 잘 닫아야 함을 주의하라. 그렇지 않으면 펜이 금방 말라버린다. 또한 항상 환기가 잘 되는 곳에서 사용하도록 한다.

마커 세트는 색상과 톤의 범위가 넓다. 어떤 것은 펜 하나에 두꺼운 것과 가는 것, 두 가지 펜촉이 만들어져 있고 깨끗하고 부드럽고 균일한 효과를 낼 수 있다. 좀 비싼 편이지만 오랜 시간

이 지난 후에도 색상이 변하지 않고 지속된다. 마커를 사용할 때는 뒷종이에 잉크가 배어 나오는 것을 막아주는 방염 종이를 쓰는 것이 좋다.

● 마커는 어떤 종이에는 번지는 경향이 있어서 선 바깥으로 넘어갈 수도 있다. 따라서 원본 그림에 색을 칠하기 전에 항상 같은 종류의 다른 종이 위에 먼저 실험을 해보아야 한다.
● 같은 색의 마커를 두 번 칠함으로써 어떤 부분을 어두워 보이게 할 수 있다.
● 한 색을 다른 색 위에 덧칠한 뒤에는 항상 펜촉을 깨끗이 한다.

회색 마커의 사용

라인 드로잉 위에 엷은 회색의 마커 펜을 사용
하면 흰색 천을 나타내는 데 매우 효과적이다.
또한 이 방법은 모자 챙 아래의 그림자와 소매
나 스커트의 개더와 같은, 옷감에서 주름의 깊
이를 표현할 때도 쓴다.

이 그림에서는 스커트에 흐르는 주름을 표현하
기 위해 회색 펜을 사용하였다. 보디스와 스커
트의 구슬 장식을 흰색 물감을 사용하여 표현
하였다.

컬러 마커의 사용

컬러 톤 마커는 색의 깊이를 더하고자 할 때 사용
한다. 흰 여백을 남기고 여러 다른 방향으로 칠하
여 음영과 질감을 표현한다.

스크린 톤의 사용

스크린 톤은 이미 만들어진 톤과 질감, 패턴들이 있어 가장 손
쉽게 이용할 수 있다. 스크린 톤은 낱장으로 구입할 수 있다.
특정 부분에 스크린 톤을 붙임으로써 금방 예술적인 작품으로
변하게 할 수 있는 장점이 있다. 필요한 형태를 예리한 칼로 잘
라 뒷종이에서 떼어낸다. 그리고 붙일 표면이 깨끗한
지 먼저 확인을 한 후 드로잉 위에 붙인다.

음영 위에 펜으로 선을 그린다. 또한 특정한 효과를 주기 위해
스크린 톤 위에 흰색 물감으로 윤곽을 그릴 수 있다.
칼로 일부분을 잘라내어 벗겨내서 가려졌던 아래 부분을 보여
줄 수도 있다.

이 드로잉들은 비율이 다른 점무늬 음영을 피부 톤과
그림자를 나타내는 데 어떻게 사용할 수 있는지
보여준다.

구아슈

구아슈는 기본적으로는 수채화 물감과 비슷하지만 흰색 안료가 섞여 있어 불투명하다.

구아슈는 마르면 정확한 색상 막을 형성하며 그것은 농담이 없는 단색으로 예리하고 딱딱한 구분을 요하는 표현에 잘 어울린다. 그러나 붓 터치를 보이게 함으로써 자유로운 스타일의 표현도 할 수 있다. 여기에 있는 그림은 젖은 종이 위에 작업한 것이다. 어떤 방법을 사용하든 중요한 특징은 색과 톤의 대비가 강하다는 점이다.

구아슈는 수채화 보드나 종이에 쓰는 것이 가장 적당하다. 물감이 불투명이므로 색이 있는 종이에도 사용할 수 있다.

블라우스와 피부를 표현하기 위해 구아슈를 물과 함께 사용했다. 짧은 팬츠에는 농담이 없는 회색을 사용했다.

농담이 없는 단색

마른 붓 터치

물과 혼합된 것

레트라톤의 농담의 패턴과 질감

레트라톤 패턴의 선택의 폭은 넓고 다양하다. 예시된 그림은 라인 드로잉에 몇 가지 패턴의 레트라톤을 사용한 것이다. 보다시피 얻을 수 있는 효과가 다양하다.

드레이프성이 있는 소재의 패션 디테일.
검정색 선으로 주름을 묘사하였다.

패턴에 흰 여백을 두어 접힌 부분과 주름을 표현

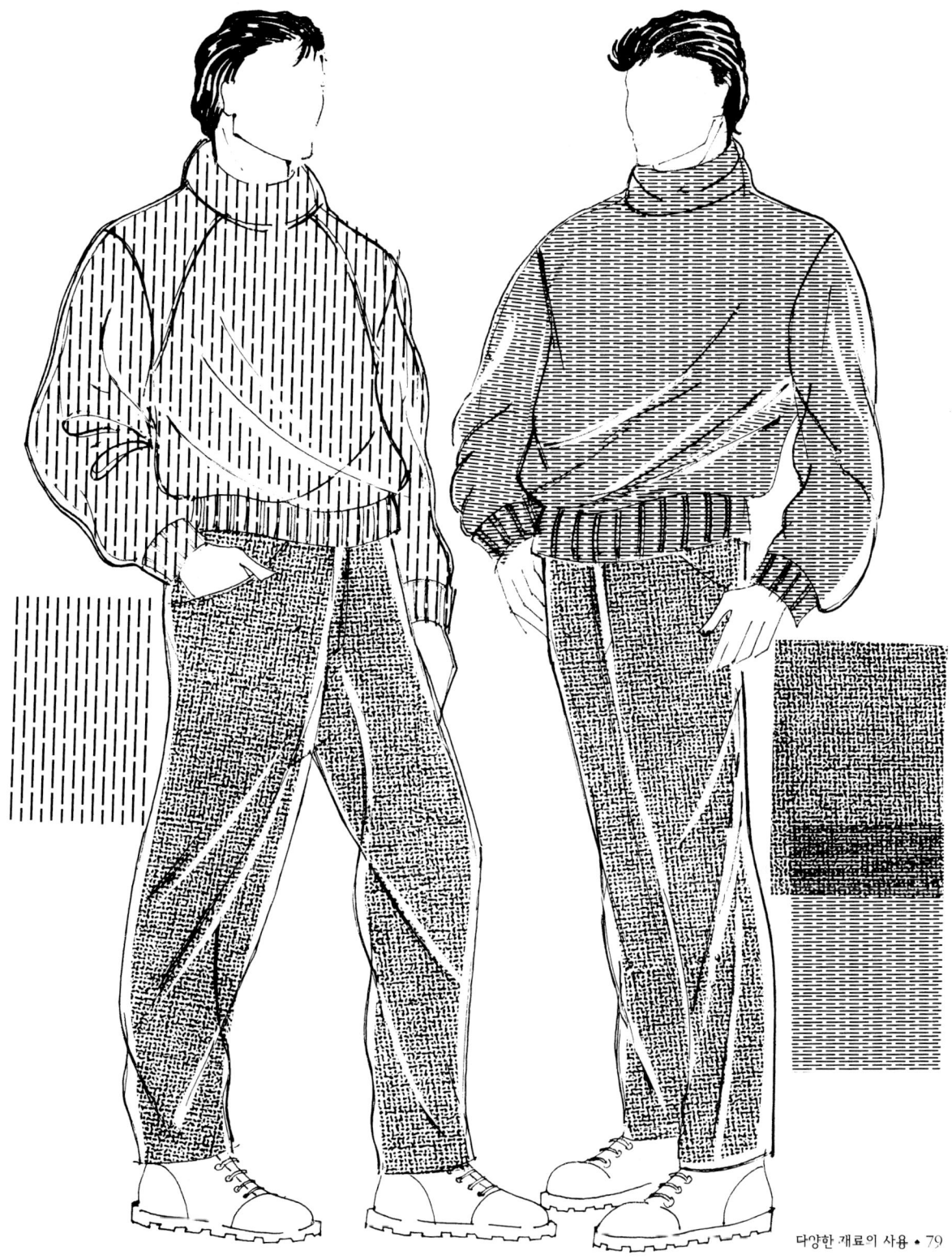

스케치 단계

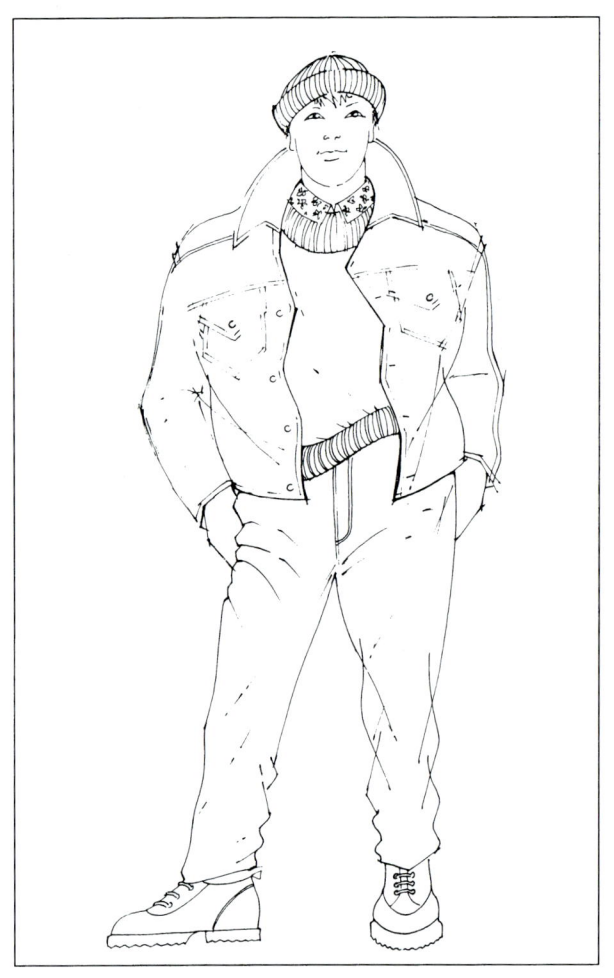

색연필과 검정색의 가는 펜

스케치는 네 단계로 완성할 수 있다.

1. 부드러운 흰색 일러스트레이션 카드에 검정색 가는 펜으로 스케치했다.

2. 데님 재킷과 바지는 파란색 연필로 칠했는데 인물의 어두운 쪽에서부터 색연필에 힘을 가해 한쪽 방향으로 칠하여 음영을 표현해 주었다. 이렇게 하면 인물의 다른 쪽 면에 빛이 비치는 것과 같은 효과를 준다.

3. 마지막 단계는 칼라와 주머니 부분 그리고 재킷과 바지의 주름 부분에 더 어두운 톤을 만들어주는 것이다. 질감과 조직의 느낌을 나타내기 위하여 부드러운 흑연 연필로 파란 데님 위에 덧칠하였다. 얼굴은 어두운 밤색의 색연필로 얼굴 한쪽 편에 음영을 주면서 칠했다. 인물의 가장자리에 검정색 펜을 사용하여 두꺼운 선으로 테두리를 그려주었고 흰색 색연필로 색을 정리하면서 광택을 주었다.

4. 인물의 가장자리를 검정색의 굵은 선으로 둘러주어 드로잉을 완성한 다음 잘라내어 깨끗한 종이에 붙여 마무리하였다.

펜과 잉크로 재질감 표현하기

한 그림 안에서 여러 다른 성격의 선들을 사용하여 다양한 재질감을 표현할 수 있다. 예시된 그림은 헤링본, 트위드, 체크와 니트웨어의 리브 조직과 케이블 조직을 잘 표현하였다.

배경 꾸미기

완성된 인물에 배경 그림을 이용한 흑백의 일러스트레이션이 다. 강조의 느낌을 주기 위해 인물의 가장자리에 흰 여백을 남 겨놓고 잘라내야 한다는 점을 유의해야 한다.

수채화 물감과 파인 아트라인 블랙 펜

스케치를 네 단계로 완성하였다.

1. 수채화 용지 위에 연필로 스케치한다.

2. 수채화 물감으로 색을 입힌다.

3. 주름, 개더, 디테일을 표현해야 할 부분을 어두운 톤으로 칠해 준다.

4. 디테일의 마지막 단계로 검정색의 펜을 사용하여 강조해 준다.

균형선과 앞 중심선을 보조선으로 사용하여 인체의 포즈를 그리는 방법을 기억하라.

작업의 전시와 프레젠테이션

원도 마운팅 : 창문형으로 자른 카드에 작품을 고정시킴

플랫 마운팅 : 접착력이 좋은 스프레이나 풀로 카드 위에 작품을 고정시킴

과제 제출이나 전시, 인터뷰를 할 때 작품을 어떻게 배치하고 꾸며서 보여줄 것인가는 가장 신중하게 고려해야 할 사항이다. 작업한 것들을 보기에 편하고 쉽도록 잘 꾸며서 배치하는 것이 중요하다.

작품은 두 가지 방법으로 앉힐 수 있다. 플랫 마운팅은 디자인 작업지와 드로잉에 효과적이다. 원도 마운팅(매트형 마운팅)은 자수, 니트, 소재 샘플을 정리하는 데 더 적합하다. 적합한 방법을 선택하여 그림을 보완해 주는 카드나 색지 위에 작품을 붙여 마무리한다.

마운팅 작업

작품은 보여주는 방법에 따라 보는 사람에게 다른 인상을 준다. 마운팅 작업을 할 때는 플랫이건 원도이건, 원하는 효과를 얻기 위해 레이아웃과 색상, 글씨체를 주의 깊게 고려해야 한다.

마운팅 카드

마운팅 카드는 두께나 색상, 질감에서 다양하게 선택할 수 있다. 만일 아래 사진처럼 포트폴리오 안에 넣는 것이라면 특히 카드의 무게를 가장 고려해야 할 것이다.

접착

스프레이 접착제를 이용해서 작품을 재배치할 수 있다. 종이의 한쪽 면에만 스프레이 접착제를 뿌린다. 작업을 시작하기 전에는 스프레이 작업을 할 방이 환기가 잘 되는 곳인지 항상 확인해야 한다. 종이에서 46센티미터(18인치) 정도 떨어진 곳에서 조심스럽게 분사한다. 카드 위에 배치할 작품을 붙이고 깨끗한 종이로 작품 위를 눌러서 반듯하게 한다.

경진대회

패션 디자인을 전공하는 학생들은 종종 산업체, 예를 들면 제조업체, 잡지사 또는 패션 회사 등에서 개최하는 콘테스트에 참가하게 된다. 대회 참가를 통해 학생들은 디자인을 직업적으로 해볼 수 있는 기회를 얻는다. 가끔 상금이 제공되며 현장 경험이나 여행을 할 수 있는 기회가 주어지기도 한다. 콘테스트 우승자는 광고를 통해 대중에게 홍보되며 신문, 잡지 또는 무역 전문지에도 실린다. 가끔은 상을 수여하고 스폰서를 만나게 해주는 리셉션이 행해질 것이다.

경쟁은 다양한 방식으로 이루어진다. 어떤 스폰서는 단지 디자인 프레젠테이션에 관해서만 질문을 할 것이고 어떤 이들은 디자인 프레젠테이션과 함께 만든 옷을 요구한다. 마지막 평가를 위해 패션쇼를 통해 디자인을 보여주도록 하기도 한다.

콘테스트의 요구 사항들은 매우 특별하다. 따라서 콘테스트의 응시자들은 항상 자신이 표현하고자 하는 바를 정확하게 설명한 디자인 개요를 제시해야 한다. 요구 사항에는 프레젠테이션 보드의 크기와 스케치의 유형, 그리고 디자인이 옷으로 만들어질 경우의 예산액 등이 포함된다.

프레젠테이션 디자인 보드

1. 어린이를 위한 휴가용 캐주얼웨어의 프
   레젠테이션 보드에 쓸 펜으로 그린 라인
   드로잉이다. 드로잉에서 강조할 부분에
   두꺼운 선을 사용하였다.

2. 물고기, 새, 나비의 모티프를 이용하
   기도 하는데 복사기로 크기를 조절
   할 수 있다. 색깔은 부드러운 색연필
   을 사용해 칠했다. 흰 부분을 남겨
   강조하는 방법을 기억하라.

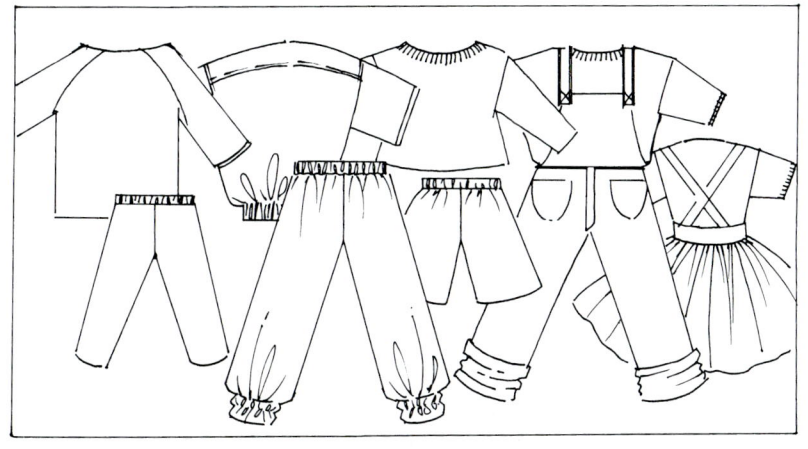

3. 완성된 프레젠테이션 보드이다. 인물
   들을 잘라서 사진 배경 위에 붙였다.
   사진은 깊이감을 주고 휴가의 느낌을
   주는 것으로 선택하였다.

4. 디자인의 뒷모습은 간단한 라인 드로
   잉으로만 그렸다.

레이아웃

레이아웃은 각자 나름대로 선택할 수 있다. 프레젠테이션을 준비하는 작업을 하면서 마지막 결정을 하기 전에 보여줄 작품과 정보들을 신중하게 고려하여 레이아웃을 다양하게 스케치해보는 것이 도움이 된다. 대개 레이아웃은 그래픽에 있어서 유행하는 패션의 영향을 받는데 그래픽이나 패션 잡지 최근호나 마케팅 프로모션, 또는 디스플레이의 최근 경향을 연구하여 레이아웃에 이용할 수 있다.

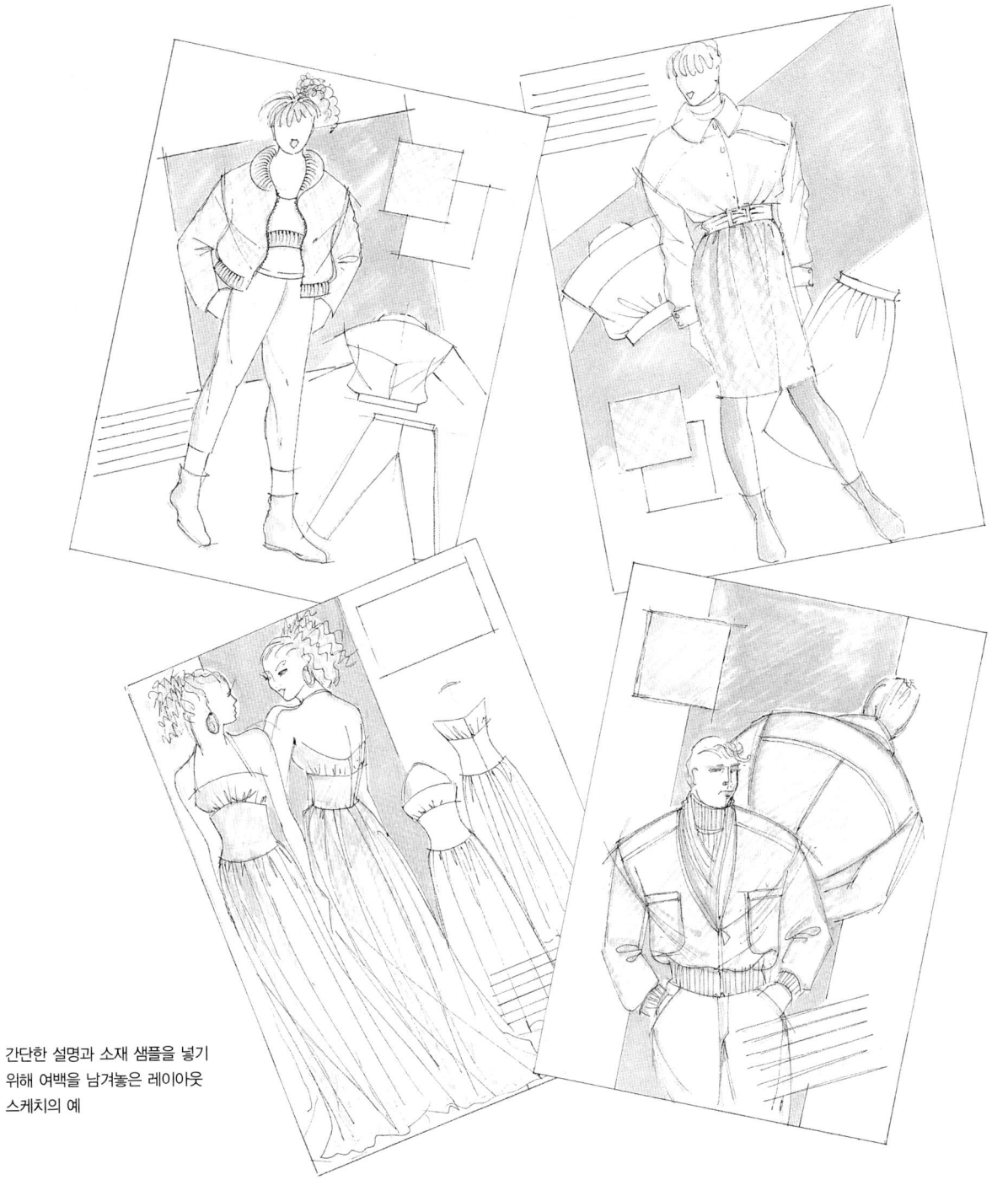

간단한 설명과 소재 샘플을 넣기
위해 여백을 남겨놓은 레이아웃
스케치의 예

최종 프레젠테이션

여기에서는 마커 펜과 색연필을 사용하여 재킷과 바지의 재질감을 나타내었다. 두꺼운 검정색 선을 인물의 둘레에 그렸으며 인물 그림을 잘라 낼 때에는 여백을 두면서 잘라 흰색의 라인을 남겼다. 이렇게 하면 배경 사진 위에 붙일 때 효과적이다.

사진 배경

이 그림에는 색연필과 마커 펜을 함께 썼다. 검정색 유성 크레용을 사용하여 코듀로이 바지의 텍스처를 표현한 방법을 기억해 두도록 하라. 부드러운 연필 선으로 재킷 천의 재질감을 나타내었다. 디테일은 가는 펜으로 묘사하였다.

인물을 잘라 색상지에 붙여 프레젠테이션을 완성하였다. 배경 사진은 의상을 입을 만한 환경을 생각하여 선택하였다.

이 그림에는 유성 크레용을 사용하였다. 흥미를 더하고 색을 보완해 줄 배경 사진을 인물의 뒤에 놓았다.

국내 패션 디자인 컨테스트

대한민국 산업디자인 전람회(텍스타일 부문)

- 주최_ 산업자원부
- 문의_한국디자인진흥원 컨벤션팀 (031)780-2165
- 관련홈페이지_ http://www.kidp.or.kr/
- 시기_ 3월
- 공모분야_섬유디자인, 실내장식용 직물, 침구용 직물, 장신구용 직물 등

대한민국패션대전

- 주최_ 한국패션협회
- 문의_ 한국패션협회 (02)528-4741~6
- 관련홈페이지_ http://www.koreafashion.org/
- 시기_ 11월

PID 세계패션디자인 콘테스트

- 주최_ 대구광역시, 한국섬유산업연합회
- 문의_ 대구패션조합 (053)383-5777
- 관련홈페이지_ http://www.previewin.com, http://www.tfc.or.kr
- 시기_ 12월
- 공모분야_ 여성복, 남성복으로 스타일 제한 없음

한국의류학회 패션디자인 컨테스트

- 주최_ 한국의류학회
- 문의_ 의류학회 사무국 (02)889-2656
- 관련홈페이지_ http://www.ksct.or.kr/
- 시기_ 5월
- 공모분야_ 여성복, 남성복으로 스타일에 제한 없음
- 응모 자격_ 한국의류학회 회원(준회원 포함: 학부생과 전문대학생은 준회원에 등록해야 함)

서울 텍스타일 디자인 경진대회

- 주최_ 한국섬유산업연합회
- 문의_ 유한킴벌리 디지털 날염사업부 (02)528-1001
- 관련홈페이지_ www.dtplink.com
- 시기_ 10월
- 공모분야_ 일반 응모: 프린트(DTP제외), 우븐, 니트, 기타 분야/DTP응모: DTP로 출력된 디자인
- 응모자격_ 섬유, 패션에 관심을 가진 학생, 관련업계 종사자

서울 모델리스트 컨테스트

- 주최_ 서울패션디자인센터(서울산업진흥재단)
- 문의_ 서울패션디자인센터 패션기획팀 (02)2285-6920
- 관련홈페이지_ http://sfdc.seoul.kr
- 시기_ 5월
- 공모분야_ 패턴디자인

부산 패션디자인 경진대회

- 주최_ 부산광역시
- 문의_ BEXCO 전시팀 (051)740-7358, 7467, 7468
- 관련홈페이지_ http://bitfas.com
- 시기_ 6~9월
- 공모분야_ 여성복으로 자유작품

부산 텍스타일디자인 대전

- 주최_ 부산광역시 (사)부산섬유패션산업연합회
- 문의_ (사)부산섬유패션산업연합회 사무국 (051)583-5813~4
- 관련홈페이지_ http://www.fashioncity.or.kr
- 시기_ 10월
- 공모분야_ 섬유류 디자인(CAD 디자인 가능)

군산 실용패션 대전

- 주최_ 군산대학교 의류학과
- 문의_ ksyou@kunsan.ac.kr
- 관련홈페이지_ http://www.kunsan.ac.kr
- 시기_ 10월

한산모시 패션디자인 공모전

- 주최_ 충청남도 서천군
- 문의_ 서천군청 문화관광과 (041)950-4224, 4017
- 관련홈페이지_ http://www.seocheon.go.kr
- 시기_ 2~4월
- 공모분야_ 한산모시를 소재로 한 한산모시옷 작품 및 공예품

중앙디자인 콘테스트

- 주최_ 중앙M&B, 월간 쎄씨
- 문의_ 월간 쎄씨 (02)2000-6132
- 관련홈페이지_ http://ceci.patzzi.com
- 시기_ 7월
- 공모분야_ 남성복, 여성복

SFAA 신진 디자이너 공모전

- 주최_ SFAA
- 문의_ SFAA 사무국 (02)514-8667
- 관련홈페이지_ http://www.sfaa.co.kr
- 시기_ 5월
- 공모분야_ 남성복, 여성복

나고야 패션 컨테스트

- 주최_ 나고야 패션협회
- 문의_ 한국 패션협회 (02)528-4742
- 관련홈페이지_ http://www.koreafashion.org/
- 시기_ 9월

NEW & FUN 신진 디자이너 공모

- 주최_ (주)현대백화점
- 문의_ 현대백화점 패션상품 사업부 (02)3416-5505
- 관련홈페이지_ http://www.ehyundai.com
- 시기_ 4월
- 공모분야_ 기존의 상품과 차별되는 새롭고 재미있는 디자인, 아이템

동림 어패럴 디자인공모전

- 주최_ 동림 어패럴
- 문의_ 동림 어패럴 디자인 공모전 담당자 (031)437-4712
- 관련홈페이지_ http://fashionneo.co.kr/
- 시기_ 2~3월
- 공모분야_ 여름/가을에 런칭할 상품으로 유행에 따르며 실용적인 디자인

두타 벤처 디자인 컨퍼런스

- 주최_ (주)두산타워
- 문의_ (주) 전략마케팅네트워크 (02)3445-2401
- 관련홈페이지_ http://www.doota.com
- 시기_ 8월

메사 창업디자인 공모대전

- 주최_ 남대문 쇼핑몰 메사
- 문의_ 메사 운영기획팀 (02) 2128-5045
- 관련홈페이지_ http://www.ilovemesa.com
- 시기_ 9월
- 공모분야_ 의류(남성복, 여성복)

색인

역자 후기 이 책은 패션 디자이너를 꿈꾸는 모든 학생들과 일반인들이 패션 디자이너가 되기 위한 첫발을 내딛는 단계에서 아주 유용한 책이다. 패션 디자인의 시각적 표현을 위한 패션 드로잉의 기초 과정과 표현 방법이 비교적 상세히 설명되어 있고 패션 디자인 과정의 전 단계가, 자료 조사에서 프레젠테이션에 이르기까지 빠짐없이 소개되어 있다. 또한 표현 재료의 특성과 사용법이 잘 설명되어 있어 그림 도구를 처음 사용하는 이들도 어려움 없이 드로잉을 할 수 있도록 도와준다. 특히 표현 재료의 예뿐 아니라 스토리보드와 프레젠테이션 디자인 보드 등 많은 작품의 예가 수록되어 있어 기초 단계의 초보자들에게 좋은 길잡이가 될 것이다.

번역서다 보니 국내 상황과 조금 다른 면이 있어서 국내의 교육과정과 디자인 컨테스트 개최 상황을 정리해 보았다. 독자들에게 도움이 되길 바라며 예경 편집부의 노고에 감사드린다.